친절한 설명식 중학수학 디딤돌

초등 고학년 및 예비 중학생의 수학 학습 필독서

친절한 설명식 **중학수학 디딤돌**

발 행 일   2017년 7월 19일
지 은 이   장 석 호
펴 낸 이   손 형 국
펴 낸 곳   ㈜북랩
편 집 인   선일영   **편 집** 이종무, 권혁신, 이소현, 송재병, 최예은
디 자 인   이현수, 이정아, 김민하, 한수희   **제 작** 박기성, 황동현, 구성우
마 케 팅   김회란, 박진관, 김한결
출판등록   2004. 12. 1(제2012-000051호)
주   소   서울시 금천구 가산디지털 1로 168, 우림라이온스밸리 B동 B113, 114호
홈페이지   www.book.co.kr
전화번호   (02)2026-5777   팩 스   (02)2026-5747
ISBN   979-11-5987-603-5 63410(종이책)   979-11-5987-604-2 65410(전자책)

(주)북랩 성공출판의 파트너

북랩 홈페이지와 패밀리 사이트에서 다양한 출판 솔루션을 만나 보세요!
홈페이지 book.co.kr • **블로그** blog.naver.com/essaybook • **원고모집** book@book.co.kr

초등 고학년 및 예비 중학생의 수학 학습 필독서!

친절한
설명식

중학
수학
디딤돌

장석호 저

북랩 book Lab

머리말

초등학교 수학과정 동안에 수학이 재미있었는지 초등학생들에게 질문하면, 어떤 초등학생들은 수학처럼 쉬운 과목도 없다고 얘기를 하지만, 수학을 배워보니 어렵다고 느끼고, 수학 점수는 낮고, 이미 흥미를 잃은 초등학생들도 있을 것입니다. 초등학교 수학과정에서 이미 흥미를 잃은, 예비 중학생들 입장에서는 중학교 과정의 수학을 어떻게 시작해야 할지 막막할 수 있습니다. 시중의 수학 문제집들 및 참고서들을 사 놓았지만, 수학에 이미 흥미를 잃어 수학책을 쳐다보기도 싫어하여 사 놓은 문제집들을 풀지 않아 중학교 수학과정이 끝나면, 안 푼 책들을 휴지통에 버리는 경우도 보게 됩니다.

수학은 우리의 실생활에서 터득한 경험의 산물로, 실용 학문이며, 이는 오늘날 과학 기술 발전의 토대가 되고 있습니다. 중요한 것은 수학을 어떻게 배울 것인가 하는 점입니다. 현 교육과정에서의 초등학교 수학은 수와 연산, 측정, 도형, 통계, 규칙성 및 문제 해결 등의 5개 영역으로 나뉘어 있는데, 수학의 모든 것들을 모두 암기해야 한다면, 수학을 학습하는 아이들, 특히 수학 점수가 낮고, 수학에 흥미를 잃은 아이들에게는 이보다 더 큰 고통은 없을 것이며, 수학에 등을 돌리게 될 것입니다. 그러나 수학의 핵심원리를 알고 그 원리를 토대로 실제 생활에 응용할 수 있다면 수학에 재미를 느끼고, 관련 실생활 문제들도 해결할 수 있을 것입니다.

그런 의미에서, 이 책은 아이들이 수학을 손쉽게 이해할 수 있도록, 또한 스스로 원리 및 이치를 깨달아 응용할 수 있도록 원리적인 내용과 설명 및 응용 예제들로 구성되었습니다. 특히, 초등학교 수학과정을 끝내

고, 곧 중학교 수학과정을 접하게 되는 예비 중학생들에게 도움이 될 수 있는 몇몇 핵심 개념들의 정리 및 응용의 내용으로 구성되어 있습니다. 초등학교 수학과정에서 학년별로 따로따로 배웠던 개념들 중에서 몇몇 관련 개념들을 서로 연관하여 상세히 설명 및 정리하였고, 이들이 중학교 수학과정에 어떻게 활용 및 발전될지 간략히 설명하였습니다. 이 책에서 수록한 몇몇 예제들은, 아이들이 풀 때 실수하기 쉬운 문제들로, 실수하지 않고 정답에 접근할 수 있도록 아이들의 눈높이에서 단계적인 풀이과정 설명을 서술하였습니다. 아이들의 생각할 수 있는 능력을 배양하기 위해 한 가지 풀이과정이 아니라 여러 가지 풀이과정들도 제시하였습니다. 이 내용 외에도 수학에 대해 호기심 또는 관심을 가질 수 있는 몇몇 퀴즈들과 답도 수록하였습니다.

이 책이 초등학교 수학과정을 마치고 중학교 수학에 입문하는 학생들에게 수학에 관심을 가지게 할 좋은 길잡이가 되길 기대해봅니다.

2017년 7월
장석호

① 우리가 아이와 함께 층계를 올라갈 때, 여러 층계를 한 번에 올라가려고 하면 아이들이 넘어질 가능성이 크겠지요. 특히, 층계를 올라가는 데 익숙하지 않은 아이들을 데리고 올라갈 때는 욕심을 부리지 말고 한 계단, 한 계단 올라가는 것이 중요합니다. 이 책의 많은 문제들의 풀이는 여러 단계로 구성이 되어 있습니다. 각 단계는 계단을 올라갈 때 한 계단, 한 계단 오르는 것과 같다고 생각하시면 되겠습니다.

② 많은 예제들이 아이들이 실수했던 문제들 또는 실수하기 쉬운 문제들로 구성되어 있습니다.

③ 아이들이 손쉽게 원리 및 이치를 깨달아 응용할 수 있게끔 원리적인 내용 및 설명이 들어 있습니다.

④ 초등 고학년 및 예비 중학생들의 학습에 도움이 되게끔 초등학교 수학의 많은 영역 및 개념들을 서로 연결 지어서 정리 및 복습하였고, 이 개념들이 중학교 수학에 어떻게 활용 및 발전되는지를 간략히 설명하였습니다. 따라서 이 책의 내용은 초등학교 6학년 또는 예비 중학생들의 학습에 적합하나, 선행학습을 원하고, 저학년 초등수학의 개념들을 복습하면서, 고학년 수학에 어떤 내용이 있는지 궁금한 일부 초등학교 5학년 아이들도 학습에 도움이 될 수 있을 것입니다.

⑤ 풀이가 여러 단계로 구성이 되어있고, 다양한 풀이방법도 쓰여 있으며, 설명이 비교적 자세히 되어있기 때문에, 아이들이 교사의 특별한 도움 없이 책을 읽으면서 스스로 학습이 가능합니다.

목차

01

'어떤 수' 찾기 문제

친절한 설명식
중학수학 디딤돌

01 개요

"'어떤 수'를 잘못 계산했는데, '어떤 수'를 찾고 바르게 계산하시오."와 같은 종류의 문제들은 초등학교 수학 교과서에서 자주 등장하는 문제들입니다. 이와 같은 문제들은 중학교 수학과정에서는 '방정식을 푼다'는 개념으로 배우게 되는데, 이 장에서는 이와 같은 문제를 해결할 때의 올바른 접근방법들을 제시하고, 구체적으로, 이와 같은 문제들을 단계별로 해결하는 방법을 몇몇 예제들을 통해 제시해보겠습니다. 또한 이 개념이 중학교 수학과정에는 어떻게 발전되는지를 간략히 설명하겠습니다.

> **'어떤 수' 찾기 문제를 해결하는 올바른 접근방법**
>
> • 문제의 문장은 수식으로 표현하고, 모르는 것('어떤 수'라고 표현되어 있는 것)은 ( )로 두자.
>   (( ), □, △ 등 어떤 기호를 사용해도 좋음)
> • 문제에 따라서, 모르는 것이 복잡할 때에는 모르는 것들이 묶여 있는 큰 덩어리를 한 개의 ( )로 두는 것이 좋다.

1-1. 102를 어떤 수로 나누고 10을 곱해야 하는데, 잘못해서 102에 어떤 수를 곱하고 10으로 나누었더니, 몫이 20이고 나머지는 4가 되었다. 바르게 계산하시오.

단계 ❶. 문제의 어떤 수를 ( )로 두고, 문제에서 요구하는, 바른 계산을 먼저 적습니다.

$\{102 \div (\quad)\} \times 10$

단계 ❷. 문제에서 적혀 있는, 잘못된 계산을 적습니다.

$\{102 \times (\quad)\} \div 10 = 20 \cdots 4$

(여기서 '$\cdots$'는 나머지를 의미)

단계 ❸. 단계 2의 식으로부터 ( )의 값을 구합니다. ( )값을 구할 때, 나눗셈의 검산식을 활용합니다.

$\{102 \times (\quad)\} \div 10 = 20 \cdots 4$

➡ $102 \times (\quad) = 10 \times 20 + 4 = 204$

102에 2를 곱하면 204를 얻을 수 있으니, ( ) = 2

> **참고**
> 만일 '단계 3'에서 나눗셈의 검산식을 모르거나, 틀리게 쓰는 아이의 경우는 나눗셈의 개념 및 방법에 대해 복습이 필요한 경우이니, 초등학교 3학년 수학 교과서 나눗셈 단원의 개념을 참조하거나 이 책 2장의 나눗셈 내용을 참조해서 복습이 요구됨.

단계 ❹. 단계 3으로부터 구한 ( )값을 사용하여 단계 1의 바른 계산을 합니다.

$102 \div 2 \times 10 = 51 \times 10 = 510$

정답 510

유제 1-1 10을 어떤 수로 나누고 4를 곱해야 하는데, 잘못해서 10에 어떤 수를 곱하고 4로 나누었더니, 몫이 20이고 나머지는 2가 되었다. 바르게 계산하시오.

예제 1-2. 사과 한 상자가 있습니다. 사과 전체를 봉지 5개에 똑같이 나누어 담았더니 16개씩 담고 몇 개가 남았습니다. 다시 봉지 6개씩 똑같이 나눠 담았더니 남는 것이 없었습니다. 처음 사과의 개수는 몇 개인가요?

풀이과정

단계 ❶. 어떤 수를 ( )로 두고, 남는 사과의 수를 로 두고, 문제의 문장을 수식으로 씁니다. 사과 전체를 봉지 5개에 똑같이 나누어 담았더니 16개씩 담고 몇 개가 남았습니다.

- ( ) ÷ 5 = 16 ⋯

나눗셈의 성질에 의해, 나머지(가 가질 수 있는 것은)는 나누는 수보다 작아야 하므로, 가 될 수 있는 자연수는 1, 2, 3, 4

> 만일, 단계 1에서, 가 될 수 있는 자연수를 모르는 아이인 경우는, 나눗셈의 개념과 성질에 대해 복습이 필요한 경우에 해당되므로, 초등학교 3학년 수학 교과서의 나눗셈 단원이나 이 책 2장의 내용을 통해 복습이 필요한 경우임.

단계 ❷. 나눗셈의 검산식을 이용하여, ( )에 관한 수식을 씁니다.

( ) = 5 × 16 + , 는 1, 2, 3, 4

따라서 ( )가 될 수 있는 자연수는 5 × 16 + 1, 5 × 16 + 2, 5 × 16 + 3, 5 × 16 + 4입니다. 이들을 각각 계산하면 81, 82, 83, 84입니다.

단계 ❸. 문제의 두 번째 문장 - '사과 전체를 다시 봉지 6개씩 똑같이 나눠 담았더니 남는 것이 없습니다' -로부터 사과의 개수는 6으로 나누어떨어진다는 결론을 얻고, 단계 2에서 얻은 위 네 개의 자연수 중에서 6으로 나누어떨어지는 자연수를 찾습니다.

( ) = $5 \times 16 + 4 = 84$

자연수 81, 82, 83, 84 중에서 6으로 나누어 떨어지는 자연수 = 84

정답 84

예제 1-3. 어떤 수에서 10씩 커지도록 10번 뛰어서 세었더니 5027이 되었다. 어떤 수는 얼마인가요?

풀이과정 1.

단계 ❶. '뛰어 세기'라는 용어의 약속을 잊어버린 아이들은 초등학교 2학년 수학 교과서에서 찾아서 그 의미를 파악합니다. 뛰어 세기라는 용어를 이미 알고 있는 아이들은 단계 1을 건너뛰어도 무방합니다.

⑨ 100에서, 10씩 커지도록 10번 뛰어 세면,

100, 110, 120, 130, … 190, 200

이를 보면 '십의 자리 숫자가 1씩 커지는 것이 10씩 뛰어 세기입니다'라고 그 의미를 파악할 수 있습니다.

단계 ❷. 어떤 수에서 커져서 5027이 된 것이니까 10씩 열 번 빼면 어떤 수가 됩니다. 10씩 작아지게 뛰어 세면,

5027, 5017, … 4937, 4927

풀이과정 2.

단계 ❶. 뛰어 세기라는 용어의 약속을 잊어버린 아이들은, 초등학교 2학년 수학 교과서에서 찾아서 그 의미를 파악합니다. 뛰어 세기라는 용어를 이미 알고 있는 아이들은 단계 1을 건너뛰어도 무방합니다.

ⓔ 100에서, 10씩 커지도록 10번 뛰어 세면,

　　100, 110, 120, 130, ⋯ 190, 200

이를 보면 '십의 자리 숫자가 1씩 커지는 것이 10씩 뛰어 세기입니다'라고 그 의미를 파악할 수 있습니다.

단계 ❷. 어떤 수를 (　)로 두고, 10씩 커지도록 10번 뛰어서 세는 것을 씁니다.

　　(　), (　) + 10, (　) + 20, (　) + 30, ⋯ (　) + 100

단계 ❸. 단계 2에서 규칙을 찾습니다. (　)에서 10씩 10번 뛰어 세면 '(　) + 100'이 됨.

단계 ❹. 단계 3에서 발견한 규칙을 통해 답을 찾아냅니다.

　　(　) + 100 = 5027, 따라서 (　) = 4927

정답 4927

예제 1-4. 어떤 수에 $2\frac{6}{7}$을 더해야 할 것을 잘못하여 뺏더니 $9\frac{3}{7}$이 되었습니다. 바르게 계산하시오.

풀이과정

단계 ❶. 문제의 어떤 수를 (　)로 두고, 문제에서 요구하는 바른 계산을 먼저 적습니다.

　　$(　) + 2\frac{6}{7} =$

단계 ❷. 문제에서 적혀 있는, 잘못된 계산을 적습니다.

　　$(　) - 2\frac{6}{7} = 9\frac{3}{7}$

단계 ❸. 위 식으로부터 (   )를 구합니다.

$$(\quad) - 2\frac{6}{7} = 9\frac{3}{7}$$

$$(\quad) = 9\frac{3}{7} + 2\frac{6}{7} = 12\frac{2}{7}$$

 만일 단계 3에서 대분수의 덧셈을 모르거나, 틀리게 쓰는 아이의 경우는 분수의 개념 및 방법에 대해 복습이 필요한 경우이니, 초등학교 4~5학년 수학 교과서 분수 단원의 개념을 참조하거나 이 책 2장의 분수의 개념 내용을 참조해서 복습이 요구됨.

단계 ❹. 단계 3으로부터 구한 (   )값을 사용하여 단계 1의 바른 계산을 합니다. 바르게 계산 값은,

$$12\frac{2}{7} + 2\frac{6}{7} = 15\frac{1}{7}$$

정답 $15\frac{1}{7}$

유제 1-2 어떤 소수(小數, decimal fraction)에 0.02를 더해야 할 것을 잘못하여 뺏더니 0.15가 되었습니다. 어떤 소수를 찾고, 바르게 계산하시오.

 소수의 사칙연산(덧셈, 뺄셈, 곱셈, 나눗셈)에 대해 복습이 필요한 아이들은 초등학교 4학년 수학 교과서 소수의 개념을 참조하거나 이 책의 2장 참조

1-5. 81에 어떤 수를 곱해야 하는데 잘못해서 나누었더니, 몫이 5, 나머지가 11이 되었습니다. 바르게 계산하시오.

풀이과정

단계 ❶. 문제의 어떤 수를 ( )로 두고, 문제에서 요구하는 바른 계산을 먼저 적습니다.

$81 \times (\quad) =$

단계 ❷. 문제에서 적혀 있는, 잘못된 계산을 적습니다.

$81 \div (\quad) = 5 \cdots 11$

(여기서 '…'는 나머지를 의미)

단계 ❸. 단계 2의 식으로부터 ( )의 값을 구합니다. ( )값을 구할 때, 나눗셈의 검산식을 활용합니다.

$81 \div (\quad) = 5 \cdots 11$
$81 = (\quad) \times 5 + 11$

단계 ❹. $81 = (\quad) \times 5 + 11 \cdots$ (1)

(1) 식에서 ( )값을 찾는 데 어려움이 없는 아이라면, 단계 5를 지나치고 단계 6으로 바로 가서 바른 계산을 하면 정답을 얻을 수 있습니다. 만일 위 식에서 ( )값을 찾는 데 어려움이 있는 아이들은 아래의 설명과 단계 5의 방법에 따라서 ( )값을 단계별로 찾는 것이 좋습니다. 앞에서 설명했듯이, 모르는 것이 복잡할 경우는 모르는 것이 묶여 있는 큰 덩어리 ( ) × 5를 { }로 두는 것이 좋습니다. 위 식에서 ( ) × 5를 { }로 두고, { }를 계산합니다.

$81 = \{ \quad \} + 11 \cdots$ (2)

그러면 쉽게 { } = 70임을 알 수 있습니다.

단계 ❺. { } = 70에서 ( )를 계산합니다.

{ } = ( ) × 5였으니

( ) × 5 = 70

따라서, 어떤 수 (   ) = 14라는 것을 알 수 있습니다.

단계 ❻. 단계 5로부터 구한 (   )값 = 14를 사용하여 단계 1의 바른 계산을 합니다.

81 × 14 = 1134

정답 1134

02 / 방정식(方程式, equation)의 개념

초등학교 수학에서 접했던 "(   )를 잘못 구했는데, (   )를 찾고 바르게 계산하시오." 와 같은 형태의 문제들은 중학교 수학과정에서는 '방정식'이라는 단원에서 보다 발전된 개념으로 배우게 됩니다. 그러면 중학교 수학과정에서 이 개념들이 어떻게 발전되는지 간략히 소개해 보겠습니다.

앞의 예제들에서, (   ) × 4 - 8 = 34와 같이 등호(=)를 써서 나타낸 식을 중학교 수학과정에서는 '등식(等式, equality)'이라고 부르고, 등식에서 (   )로 표현되어있는, 알고 있지 못한 어떤 수를 '미지수(未知數, unknown)'라고 합니다(참고로 등식은 한자어로, 등(等)은 같다는 의미가 있습니다. 따라서 등식은 식이 같다는 의미로 그 의미를 파악할 수 있겠지요).

(   ) - 1 = 4와 같이 (   )의 값에 따라 참이 되기도 하고 거짓이 되기도 하는 등식을 '(   )에 관한 방정식'이라고 합니다. 방정식을 참이 되게 하는 미지수의 값을 구하는 것을 '방정식을 푼다'라고 합니다. 그리고 방정식을 참이 되게 하는 미지수를 방정식의 '해(解)' 또는 '근(根)'이라고 합니다(영어로는 solution이라고 합니다).

방정식에서 몇 가지 용어를 더 약속하겠습니다. (   )에 관한 방정식에서 등호(=)의 왼쪽을 등식의 좌변(左邊), 등호(=)의 오른쪽을 등식의 우변(右邊)이라고 부릅니다(좌는 왼쪽, 우는 오른쪽을 의미합니다). 좌변, 우변을 통틀어 '양변(兩邊)'이라고 부릅니다. 그러면 방정식의 예를 들어보겠습니다.

( ) - 1 = 4는 ( )에 관한 방정식임을 알 수 있습니다. 그 이유는, 아래와 같습니다.

- ( ) = 1이면, 1 - 1 = 4를 얻을 수 있는데, 이때, 등식의 좌변은 0이고, 등식의 우변은 4이니, 0은 4가 아니므로, 거짓인 등식입니다.

- ( ) = 2이면, 2 - 1 = 4를 얻을 수 있는데, 등식의 좌변은 1이고, 등식의 우변은 4이니, 1은 4가 아니므로, 거짓인 등식입니다.

- ( ) = 3이면, 3 - 1 = 4를 얻을 수 있는데, 등식의 좌변은 2이고, 등식의 우변은 4이니, 2는 4가 아니므로 거짓인 등식입니다.

- ( ) = 4이면, 4 - 1 = 4를 얻을 수 있는데, 등식의 좌변은 3이고, 등식의 우변은 4이니, 3은 4가 아니므로 거짓인 등식입니다.

- ( ) = 5이면, 5 - 1 = 4를 얻을 수 있는데, 좌변은 4, 우변도 4이니 등식의 좌 · 우변이 같으므로, 참인 등식이 되겠지요.

- ( ) - 1 = 4는 ( )값에 따라 등식이 참이 되기도 하고, 거짓이 되기도 합니다. 따라서, ( ) - 1 = 4는 ( )에 관한 방정식입니다. 위 방정식을 풀면, 방정식이 참이 되게 하는 미지수 ( )를 찾는 것이므로, 이 경우에서 미지수는 ( ) = 5입니다. 이 예제에서 ( ) = 5를 이 방정식의 해 또는 근이라고 합니다.

다음 장의 몇 가지 예제들을 통해서 방정식에 대해 연습을 해보겠습니다.

예제 1-6. 아래 문장을 방정식으로 나타내시오.

어떤 수의 5배보다 10 큰 수는 34와 같습니다.

어떤 수를 ( )로 두고, 문장을 등호가 들어간 식으로 표현해봅니다.
( ) × 5 +10 = 34
위 등식에 미지수 ( )가 있는지 확인을 합니다. 방정식에는 항상 미지수가 들어 있습니다.

예제 1-7. 15의 2배는 어떤 수보다 100이 작은 수와 같습니다.

정답 15 × 2 = ( ) － 10

예제 1-8. 어떤 수를 두 번 곱했더니 25와 같습니다.

정답 ( ) × ( ) = 25

참고 초등학교 수학과정에서 넓이의 단위를 ㎠, ㎡를 쓰고, 부피의 단위로 ㎤, ㎥를 사용했지요. 초등학교 수학시험에 넓이나 부피를 쓸 때 단위를 ㎝로 써서 틀렸던 기억이 있는 아이들은 아래 내용을 복습하면 되겠습니다.
여기서 ㎝, m 위에 쓰는 위 첨자인 2, 3은 어떤 수나 문자를 여러 번 곱했을 때 곱한 횟수를 나타내며, 이를 간단히 나타내기 위해 사용되는 기호라고 생각하시면 되겠습니다. 중학교 수학과정에서는 정식으로, '거듭제곱(power)'이라는 용어가 나오는데, 이는 어떤 수나 문자를 여러 번 곱했을 때, 곱한 횟수를 뜻합니다.
'예제 1-8'의 정답을, 이 거듭제곱 기호를 사용해서 나타내면, ( )^2 = 25라고 쓸 수 있습니다. ( )²은 '미지수 ( )를 두 번 곱했다는 의미구나'라고 생각하시면 됩니다. 즉, ( )² = ( )×( ). 거듭제곱에서 한 번 곱한 것은 생략해서 쓰지 않습니다. 즉, ( )는 미지수를 한번 곱했으니, ( )¹로는 쓰지는 않고, 위 첨자 1을 생략해서 ( )로 사용합니다.

중학교 1학년 수학과정에서는 미지수가 하나인, 일차 방정식과 그 해에 대해 학습을 하게 됩니다. 미지수를 초등학교 수학 시간에 사용했던 ( )나 네모 대신, 'x'라는 문자를 사용해서 나타내기 시작합니다. '미지수 x에 관한 일차 방정식'을 문자와 수식을 사용하면, 아래와 같이 나타낼 수 있습니다.

$$a \times x = b$$
(여기서 a와 b는 상수, x는 미지수)

 상수(常數, constant)는 미지수와 같이 변하는 변수(變數, variable)가 아니라, 변하지 않는 숫자를 의미합니다. '일차 방정식'에서 '일차'라는 용어는 미지수 x의 '차수(次數, degree)'가 1이라는 것을 의미하는데, 차수(次數, degree)란 문자 x가 곱해진 횟수를 의미합니다. 일차 방정식에서 x는 문자 x가 곱해진 횟수가 1번이므로 차수가 1입니다(앞에서 거듭제곱 용어를 설명할 때, 문자를 곱한 횟수가 1번은 이를 생략해서 쓰지 않는다고 했습니다). 참고로 x^2라는 기호는 앞의 예제에서 설명했듯이, x를 두 번 곱했다는 기호입니다. x를 곱한 횟수가 2이니 x^2의 차수는 2입니다. 이 밖에 중학교 수학에서는 방정식의 차수 관련 여러 용어들이 등장하는데, 이 용어들의 자세한 약속은 중학교 수학 시간에 배우게 될 것입니다. 이 책은 초등수학을 끝내고 중학수학을 곧 접하게 되는 예비 중학생에게 일차 방정식을 간략히 소개하는 것이므로, 관련 용어들의 자세한 약속들은 생략하겠습니다.

중학교 수학과정에서는 곱하기 기호의 경우 생략해서 쓰니 a와 x사이의 곱하기를 생략하면, 위 식은 아래와 같이 쓸 수 있습니다.

$$ax = b$$
(여기서 a와 b는 상수, x는 미지수)

그러면, 일차 방정식을 어떻게 풀어야 할까요? 앞에서 설명한 예의 방법처럼, ( )값에 (또는 x값에) 일일이 숫자들(⑩ 1, 2, 3, …)을 넣어서, 등식이 참인지 거짓인지 체크를 한 후에, 등식이 참이 되면, ( )값을 찾는 방법을 사용하면 '운이 좋으면 등식이 참이 되게 하는 미지수 ( )를 빨리 찾을 수 있겠지만, 운이 나쁘면 굉장히 많은 시행착오를 거친 후에 ( )값을 찾을 수 있겠구나' 하는 생각이 들게 될 것입니다. 이 방법 대신에, 좀 더 효과적으로 일차 방정식을 푸는 방법이 있을까요?
이 질문에 관한 답은 "일차 방정식의 경우, '등식의 성질'을 활용하면 쉽게 미지수
( )를 찾을 수가 있습니다." 입니다. 그러면, 등식의 성질을 간략히 소개하겠습니다.

등식의 성질

- 양변에 같은 수를 [더해도 / 빼도 / 곱해도 / (0이 아닌 같은 수로 나누어도)] 등식은 성립합니다.

이 성질은 굉장히 유용하게 활용되는 성질입니다. 그러면 이 성질을 활용해서 아래의 문제들을 해결해 보겠습니다.

예제 1-9. 어떤 수에 10을 곱해야 할 것을 잘못해서 10으로 나누었더니 2가 되었습니다. 바르게 계산하시오.

풀이과정

단계 ❶. 어떤 수를 ( )로 두고, 바르게 계산한 식을 씁니다.

( ) × 10 =

단계 ❷. 잘못 계산한 식을 씁니다.

( ) ÷ 10 = 2

단계 ❸. 등식의 성질을 이용하여, 단계 2의 등식의 양변에 10을 곱하면,

( ) = 2 × 10 = 20

이를 통해 ( )의 값을 알아냅니다.

단계 ❹. 단계 1의 바른 풀이를 합니다.

( ) × 10 = 20 × 10 = 200

예제 1-10. ( )에 들어가는 수는?

$$(\ ) \times \frac{2}{5} = 10$$

 1.

등식의 성질을 이용하여 양변을 똑같이 $\frac{2}{5}$로 나눠주면,

$$(\ ) = 10 \div \frac{2}{5} = 10 \times \frac{5}{2} = 25$$

> **참고** 위 식의 분수 나눗셈을 수행하여 25를 얻는데, 어려움이 있는 아이들은 분수의 나눗셈에 대해 복습이 필요한 경우이니, 초등학교 5~6학년 수학 교과서 분수의 나눗셈 단원의 개념을 참조하거나, 이 책 2장의 분수의 나눗셈 개념 내용을 참조해서 복습이 요구됨.

 2.

등식의 성질을 이용하여 양변에 5를 곱합니다.
$$(\ ) \times 2 = 10 \times 5 = 50$$
등식의 성질을 이용하여 양변을 2로 나눕니다.
$$(\ ) = 25$$
위에서 설명한 방정식의 개념 및 등식의 성질을 배운 예비 중학생 아이들은 다음의 난이도가 조금 높은 문제들에 도전해 보는 것도 좋습니다. 초등학교 5학년이나 6학년 아이들은 다음 예제는 안 풀어도 좋습니다.

예제 1-11. 학생들에게 공책을 나누어 주는데, 한 학생에게 5권씩 나눠주면 공책 4권이 남고, 6권씩 나눠주면 6권이 부족합니다. 총 학생들의 수와 총 공책의 수는?

단계 ❶. 총 학생들의 수를 미지수 x로 둡니다.

단계 ❷. 문제에서 주어진 정보를 활용해서 아래의 결론을 내립니다.

나누어 주는 방법이 5권씩 나눠주는 법, 그리고 6권씩 나눠주는 법 두 가지 방법이 있으나, 어떤 방법을 쓰던 지 학생들에게 나눠주는 총 공책의 수는 같습니다.

단계 ❸. 미지수 x를 사용하여, 두 가지 방법으로 총 공책의 수를 표현합니다.

5권씩 나눠주면 공책 4권이 남으니, 나눠준 총 공책의 수는,

$5 \times x + 4$입니다.

6권씩 나눠주면 6권이 부족하니, 나눠준 총 공책의 수는,

$6 \times x - 6$입니다.

단계 ❹. 두 방법으로 의해 나눠준 공책의 수는 같다는 방정식을 세우고, 이로부터 미지수 x의 값을 찾아냅니다.

위 두 방법에 의해 나눠준 공책의 수는 같으므로,

$5 \times x + 4 = 6 \times x - 6$

등식의 성질을 이용하여 양변에 $5 \times x + 4$를 빼면,

$x - 10 = 0$

따라서 $x = 10$

정답 총 학생 수=10명, 총 공책의 수=54권

예제 1-12. 10% 농도(濃度)의 소금물 300g과 6% 농도의 소금물 200g이 두 개의 그릇 A1, A2에 담겨있습니다. 두 그릇에서 같은 양의 소금물을 퍼서 바꾸어 넣었더니, 두 그릇의 소금물의 농도가 같다는 것을 알았습니다. 그릇에 바꿔 담은 소금물의 양은?

풀이과정

단계❶. 소금물 농도 $= \dfrac{\text{소금의 양}}{\text{소금물의 양}} \times 100(\%)$, 이 식은 소금물의 농도의 약속입니다.

위 식으로부터, 등식의 성질을 활용하면,

소금의 양 $= \dfrac{\text{소금물의 농도} \times \text{소금물의 양}}{100}$ 을 얻습니다.

단계❷. 바꿔 담은 소금물의 양을 미지수 x라고 놓습니다.

단계❸. A1 그릇의 농도가 10%인 소금물 300g에서 농도가 10%인 소금물을 빼고, 뺀 소금물과 똑같은 양의 농도가 6%인 소금물을 넣었으니,

- A1 그릇 소금물의 소금양 :

$$\frac{10}{100} \times (300-x) + \frac{6}{100} \times x = \frac{(3000-4 \times x)}{100} \qquad \text{.......................... (1)}$$

A1 그릇의 소금물 농도는, $\text{(1)} \times \dfrac{1}{300} \times 100 = \dfrac{(3000-4x)}{300}$ .... (2)

A2 그릇의 농도가 6%인 소금물 200g에서 농도가 6%인 소금물을 빼고, 뺀 소금물과 똑같은 양의 농도가 10%인 소금물을 넣었으니,

- A2 그릇 소금물의 소금양 :

$$\frac{6}{100} \times (200-x) + \frac{10}{100} \times x = \frac{(1200+4 \times x)}{100} \quad \cdots\cdots\cdots\cdots\cdots\cdots (3)$$

A2 그릇의 소금물의 농도는,

$$(3) \times \frac{1}{200} \times 100 = \frac{1}{200} \times (1200 + 4 \times x) \quad \cdots\cdots\cdots\cdots\cdots\cdots (4)$$

단계 ❹. 두 그릇의 소금물의 농도가 같다. (2) = (4)입니다.

$$\frac{1}{300} \times (3000 - 4x) = \frac{1}{200} \times (1200 + 4x)$$

$$x = 120$$

서로 120g씩 바꿔 담은 것이 되므로, 120g이 정답입니다.

정답 120g

예제 1-13. 과일가게에서 과일을 파는데, 배는 15%의 이익을 붙여서 1개에 4,600원에 팔았고, 사과는 10% 손해를 보면서 1개에 900원에 팔았습니다. 하루에 모두 20개를 팔아서 6,400원의 이익을 보았습니다. 판매한 배와 사과의 수는 각각 몇 개인가요?

단계 ❶. 배와 사과의 원가를 각각 구합니다.

배는 15%의 이익을 붙여서 1개에 4,600원에 팔았으므로,

- 배의 원가 $\times \frac{115}{100} = 4600$

등식의 성질을 이용하여 양변을 $\frac{115}{100}$로 나누면,

- 배의 원가 $= 4600 \div \dfrac{115}{100} = 4600 \times \dfrac{100}{115} = 4000$원

사과는 10%의 손해를 보면서 1개에 900원에 팔았으므로,

사과의 원가 $\times \dfrac{90}{100} = 900$

등식의 성질을 이용하여 양변을 $\dfrac{90}{100}$으로 나누면,

- 사과의 원가 $= 900 \div \dfrac{90}{100} = 900 \times \dfrac{100}{90} = 1000$원

 참고 위 식의 나눗셈을 수행하여 사과와 배의 원가를 얻는 데 어려움이 있는 아이들은 분수의 나눗셈에 대해 복습이 필요한 경우이니, 초등학교 5~6학년 수학 교과서 분수의 나눗셈 단원의 개념을 참조하거나 이 책 2장의 분수의 나눗셈 개념 내용을 참조해서 복습이 요구됨.

단계 ❷. 판매한 배의 개수를 미지수 x라고 놓습니다. 그러면 판매한 배의 수 + 판매한 사과의 수 = 20으로부터, 판매한 사과의 수 = $20 - x$를 얻습니다.

단계 ❸. 배와 사과를 각각 1개 판매할 때마다 이익 및 손해 금액을 구하고 방정식을 구합니다.

배는 1개에 4600-4000 = 600원의 이익이 났고, 사과는 1개에 100원의 손해를 보았으니, 아래 방정식을 얻습니다.

$600 \times x - 100 \times (20 - x) = 6400$

단계 ❹. 방정식을 풀고 미지수 x를 찾으면,

$x = 12$

따라서 배는 12개, 사과는 8개 판매하였습니다.

중학교 1학년 수학과정에서는 일차 방정식의 해에 대해 배우고, 항등식의 개념에 대해서도 배우게 됩니다. 그 개념을 간략히 소개하겠습니다.

03 방정식의 해

앞에서 설명하였듯이 (　)의 값에 따라 참이 되기도 하고 거짓이 되기도 하는 등식을 '(　)에 관한 방정식'이라고 합니다. 방정식을 참이 되게 하는 미지수의 값을 구하는 것을 '방정식을 푼다'라고 합니다. 이 방정식의 미지수의 값을 '해'라고 하는데, 방정식의 해는 없을 수도 있고, 무수히 많을 수 있고, 한 개일 수 있습니다.

예로, $2x + 2 = 6$은 방정식이고, 그 해는 $x = 2$이고, 해의 개수는 1개입니다. … (1)

$0x = 10$은 x가 어떤 값을 가지든 등식의 왼쪽은 0이고, 오른쪽은 10으로, 항상 등호(=)가 성립하지 못하므로, 이 경우는 방정식 중에서도 '해가 없음'의 경우입니다. … (2)

$0x = 0$은 x가 어떤 수를 대입해도 등식의 왼쪽과 오른쪽이 모두 0으로, 항상 참이 되니, 해는 무수히 많을 수 있습니다. … (3)

 중학교 수학과정에서는, 곱하기 기호는 생략해서 쓰니, 위 식들에서 2와 x사이의 곱하기 기호, 0과 x사이의 곱하기 기호는 생략해서 표현했음.

04 항등식$(恒等式,$ identity, identical equation$)$과 **방정식**$(方程式,$ equation$)$

항등식의 개념

- '미지수 (　)의 값에 관계없이 항상 참이 되는 등식' 또는 '미지수에 어떤 수를 대입해도 항상 참이 되는 등식'을 '(　)에 관한 항등식$(恒等式,$ identity, identical equation$)$'이라고 합니다(항등식은 한자어로 항상 성립하는 등식이라고 생각하면 되겠습니다).

예를 들어, $2x + 6 = x + x + 6$은 문자 x가 어떤 값이든 항상 참이고, 등호가 성립함을 알 수 있습니다. 이 식을 항등식이라고 합니다.

참고로, 수학책에 따라서는 항등식도 넓은 의미의 방정식으로 보는 견해도 있습니다. 만일, 항등식을 넓은 의미의 방정식으로 보면 앞에서 설명한 식 (3)의 경우 $(0x = 0)$에 해당하며, 이때는, 이 방정식의 해는 'x는 모든 수가 다 가능함'이라고 쓰면 되겠지요.

예제 1-14. 방정식 $ax = b$에서(여기서 a와 b는 상수, x는 미지수), 해가 없을 조건, 해가 1개 있을 조건, 해가 무수히 많을 조건을 a와 b를 사용하여 쓰시오.

앞에서 설명한 내용을 이 예제에 적용하면, 답을 얻을 수 있습니다.

정답 $a=0$, $b\neq0$, 해가 없을 조건. $a=0$, $b=0$. 해가 무수히 많음. $a\neq0$ 그러면 해가 1개

그러면, 방정식을 왜 배워야 할까요?

방정식은 일상생활에 발생하는 여러 문제를 효율적으로 해결하는 방법으로 많이 활용됩니다. 집을 설계하거나, 일정을 계획하거나, 상품의 원가를 결정하거나, 기업이나 국가를 운영할 때도 많은 문제를 방정식을 활용하여 해결하게 됩니다. 어떤 문제를 풀 때 모르는 수를 미지수로 정해서 식을 세울 수만 있다면, 문제의 수가 크고 복잡한 경우에도 방정식의 성질과 해법을 사용하여 효과적으로 모르는 미지수를 찾아서 문제를 해결할 수 있게 됩니다. 이것이 방정식을 배우는 이유 중 하나입니다. 앞에서 설명했듯이, 어떤 문제를 풀 때 답이 얼마라고 예상하고, 문제 조건에 적절한지 일일이 확인하는 방법을 생각할 수 있는데, 이 방법은 운이 나쁘면 상당한 시행착오를 거친 후에 답을 찾을 수 있고, 문제의 수가 크고 복잡한 경우에는 답을 찾는 것이 힘들거나 불가능한 경우도 발생합니다. 이 방법에 비해 효과적으로 문제를 해결할 수 있는 전략이 방정식입니다. 방정식의 종류, 성질과 해법에 대해서는 중학교 1, 2, 3학년 수학 교과과정에서 배우게 됩니다.

퀴즈

01. 다음 ( )에 알맞은 수를 넣으시오. 초등학교 수학 시간에 배운 덧셈과 곱셈만 가지고 위 문제를 해결하시오.

$$1 + 2 + \cdots + 99 + 100 = (\quad)$$

위 문제를 1에 2를 더한 후에 그 계산한 결과인 3에 3을 더하고, 그 계산한 결과인 6에 4를 더하는 방법을 통해 계산하면 답이 언제 나올지 모르고, 상당히 오랜 시간 및 연산을 거쳐야 답을 구할 수 있다는 것을 알 수 있습니다. 고등학교 수학 시간에 수열을 배우게 되는데, '등차수열의 합' 공식을 사용하면 위 문제를 바로 해결할 수 있지만, 이 책은 고등학교 수학의 방법이 아닌 초등학교의 덧셈과 곱셈만 가지고 위 문제를 해결하는 것을 묻고 있습니다.

수학자 가우스는 초등학교 3학년 시절, 수학 시간 때 위 문제를 아래와 같은 획기적인 방법으로 답을 풀었다고 합니다.

$$
\begin{array}{l}
\quad\ \ 1 + 2 + \ \cdots + 49 + 50 \\
\underline{100 + 99 + \cdots + 50 + 51} \\
101 + 101 + \cdots + \ 101 + 101 = 101 \times 50 = 5050
\end{array}
$$

02. 가우스 방법은 아래와 같이도 쓸 수도 있습니다. 1부터 100까지 더한 값을 모르는 수를 ( )로 두면, 아래의 식 (1)을 얻습니다. 1부터 100까지 더하나, 100부터 1까지 더하나 그 합은 같으므로, 식 (2)를 얻습니다.

$$( ) = 1 + 2 + \cdots + 99 + 100 \cdots (1)$$
$$( ) = 100 + 99 + \cdots + 2 + 1 \cdots (2)$$

위 두 식을 세로로 더하면,

$$2 \times ( ) = 101 + 101 + \cdots + 101 + 101 = 101 \times 100$$

➡ $$( ) = 101 \times \frac{100}{2} = 101 \times 50 = 5050$$

1부터 100까지의 합을 가우스 방법을 통해 찾는 방법을 배웠으면, 아래의 문제들도 해결할 수 있습니다. 아래 문제도 도전해 보길 바랍니다.

유제 1-3 $1 + 2 + \cdots + 100 + 101 =$

풀이과정 1.

$$\{1 + 2 + \cdots + 100\} + 101$$
$$= 101 \times 50 + 101 = 5151$$

풀이과정 2.

$$( ) = 1 + 2 + \cdots + 100 + 101$$
$$( ) = 101 + 100 + \cdots + 2 + 1$$

위 두 식을 세로로 더하면,

$$2 \times ( ) = 102 + 102 + \cdots + 102 + 102 = 102 \times 101$$

$$( ) = 102 \times \frac{101}{2} = 51 \times 101 = 102 \times 50.5 = 5151$$

유제 1-4 $1 + 2 + \cdots + 9999 + 10000 =$

풀이과정 ●

이 문제도 가우스의 방법을 따라 답을 찾으면 아래의 결과를 얻습니다.
연습해 보시길 바랍니다.

- $10001 \times \dfrac{10000}{2}$

자세한 설명은 생략하겠습니다.

유제 1-5 1부터 100까지의 수 중에서 짝수의 합과 홀수의 합을 찾으시오.

02

나눗셈, 분수, 퍼센트,
비례식 등 관련
개념들의
종합 및 정리

친절한 설명식
중학수학 디딤돌

초등학교 수학과정을 마치고, 곧 중학교 수학과정을 접하게 되는 몇몇 예비 중학생 아이들의 수학학습을 지도했을 때, $\dfrac{5}{\left(\dfrac{1}{2}\right)}$ 와 같은 종류의 문제들을 풀어보게 했는데,

나눗셈과 분수의 개념을 정확히 배웠고, 알고 있는 아이들의 경우, 이와 같은 문제를 풀 때, 큰 어려움 없이 "선생님, 너무 쉬운 문제네요. 10이에요." 라고 답을 하는 가 하면, "선생님, 분수의 분모에 $\dfrac{1}{2}$ 이 있어요. 잘 모르겠어요. 가르쳐 주세요."라고 묻는 아이들도 종종 보았습니다.

수학의 핵심원리를 정확히 배웠고, 알고 있는 아이들은 수학 문제의 형태가 달라져도 문제를 해결하는 원리는 같기 때문에 큰 어려움 없이 관련 문제들을 쉽게 해결하는 반면, 수학의 원리보다는 테크닉이나 암기 같은 방법으로 학습한 아이들의 경우는 문제의 형태가 조금만 달라져도 문제들을 해결하는 것을 어려워하는 경향이 있습니다.

아이들은 초등학교 3학년의 수학 시간에 나눗셈의 개념을 처음으로 배우고 비례식, 퍼센트 등의 개념을 초등학교 6학년 수학 시간에 배우게 됩니다(2017년 개정 수학 교과서에 의하면 비례식 및 관련 개념들은 중학교 수학으로 올라간다고 합니다). 초등학교 아이 중에는 수학 교과서 단원의 제목이 다르면 전혀 다른 개념으로 생각하고 꼭 그 단원의 제목의 개념만으로 문제를 풀려는 경우도 종종 보게 됩니다. 초등수학의 전 과정 종합 평가문제에서 문제를 못 풀었으면, 그 문제가 초등수학의 어떤 단원의 문제인지 물어본 후에 문제를 풀려고 하는 아이들도 있습니다. 저학년 때 배웠던 개념들을 상당수 잊어버려서 저학년 수학 때 배웠던 개념들이 밑바탕이 되어있는 고학년 수학의 개념들과 문제들을 해결하는 데 어려움을 표현

하는 아이들도 있습니다.

초등학교 수학과정을 마치고 중학교 수학으로 입문하게 되는 예비 중학생들은 초등학교 수학의 모든 영역 및 개념들을 서로 연결 지어서 정리 및 복습하는 것이 매우 중요합니다. 초등학교 수학에서 배운 많은 개념이 중학교 수학에 발전 및 활용되기 때문이지요. 초등학교 3학년에 배우는 나눗셈의 개념은 분수와 퍼센트, 비례식의 개념과 관련 문제들을 해결하는 데 유용하게 활용될 수 있으며, 앞으로 배우게 될 중학교 수학의 여러 개념을 발전시키는 데 활용될 수 있습니다.

그러면 나눗셈, 분수, 퍼센트, 비례식 등의 개념들을 차례차례 연결 지어서 정리 및 설명해 보겠습니다.

02 / 나눗셈

1) 나눗셈의 개념

나눗셈의 개념은 초등학교 3학년 수학 교과서에 정확히 제시되어 있습니다. 나눗셈은 수학의 사칙연산(덧셈, 뺄셈, 곱셈, 나눗셈) 중의 하나로, 같은 수를 연속해서 더해가는 것을 간단히 한 곱셈의 역연산이라고 말할 수 있습니다(여기서 역연산의 역(逆)이라는 단어는 한자로 거꾸로 하겠다는 의미입니다). 이 나눗셈의 개념은 분수, 퍼센트, 약수 등의 개념과 밀접하게 관련되어 있습니다. 이 장에서는 초등학교 3학년 교과서에서 제시되어 있는 나눗셈의 개념을 예제를 통해 정리하고, 관련 개념 간의 연계성을 제시하면서 연습문제를 풀어보겠습니다.

먼저, 초등학교 3학년 수학 교과서에서 제시하는 나눗셈의 개념을 다음의 예제를 통해 설명해 보겠습니다.

예제 2-1. 18개 사과가 있고, 이를 3개의 봉지에 담아 나누고 싶습니다. 각각의 봉지에 있는 사과의 수는 똑같게 나누고 싶습니다.

이를 수학의 용어로는 아래와 같이 표현합니다.

• $18 \div 3 =$

그러면 그림이나 여러 가지 방법들을 통해서, '6입니다'라는 답을 할 수 있습니다.

이때, 6을 이 나눗셈의 '몫'이라고 하는데, 몫에는 두 가지 의미가 있습니다.

(1) 몫이 횟수를 뜻함

'18개 사과에서 똑같이 3개씩 묶어서 덜어내면, 여섯 번을 덜어낼 수 있습니다'라는 의미도 되고, '18개 사과를 3개씩 묶어보면 여섯 개의 묶음이 나옵니다'라는 의미도 됩니다.

이를 수식으로 쓰면,

$$18 - 3 - 3 - 3 - 3 - 3 - 3 = 0$$

즉, '18에서 3을 여섯 번 빼면 0이 됩니다'라는 의미가 됩니다. 여기서 몫인 6은 사과의 개수가 0이 될 때까지 빼어내는(덜어내는) 횟수를 의미하게 됩니다.

(2) 몫이 개수를 나타내는 경우

나눗셈의 몫에는 아래의 의미도 있습니다.

'18개 사과를 세 봉지(세 곳)로 똑같이 나눴을 때(묶었을 때) 한 봉지(한 곳)에 있는 사과의 개수는 6개입니다'라는 의미가 됩니다.

즉, 이 예제에서는 '$18 \div 3 =$'은 아래와 같은 의미를 가지고 있습니다.

① '18개의 사과를 똑같이 3개씩 묶어보시오. 그러면 총 몇 개의 묶음이 나오나요?' 라는 의미이거나,

② '18개의 사과를 똑같이 3개씩 묶어서 덜어내시오. 그러면 몇 번 만에 전부 덜어낼 수 있나요?'라는 의미이거나,

③ '18개의 사과를 3개의 봉지(또는 세 곳)에 똑같이 나누어 담아 보시오. 그러면 각 봉지(곳)에 들어 있는 사과의 수는 몇 개인가요?'라는 의미입니다.

그러면 $18 \div 3 = 6$을 얻을 수 있는데, '6개 묶음입니다', '6회입니다', '6개 사과입

니다'라는 답들을 할 수 있습니다.

그러면, 이 개념을 연습해 보겠습니다.

예제 2-2. 56개의 배가 있습니다. 이를 똑같이 8개씩 나누어 보시오. 이 나눗
셈의 몫의 의미를 쓰시오.

- 56 ÷ 8 = 7

① '56개 배를 똑같이 8씩 묶어 덜어내면 7번 덜어낼 수 있다'는 횟수를
뜻하거나, '56에서 8을 일곱 번 빼면 0이 된다'는 횟수를 뜻합니다.

② '56개 배를 똑같이 여덟 곳으로 나누면 한 곳에 7개씩 놓인다'는 개수
를 의미합니다.

2) 나눗셈과 곱셈의 연관성 ➡ 나눗셈의 검산식

그러면 곱셈과 나눗셈은 어떤 관련성이 있을까요? 앞에서 간단히 설명했듯이, 같은
수를 연속해서 더한 것을 간단히 한 것이 곱셈입니다. 예로, 20 + 20 + 20 = 60을 간
단히 20 × 3 = 60으로 약속하지요. 이 곱셈의 역연산이 나눗셈이라고 할 수 있습니
다. 이 예제에서는 역연산들은 60 - 20 - 20 - 20 = 0, 또는 60 ÷ 20 = 3이 되겠지요.
즉, 60에서 같은 수 20을 연속으로 빼면, 몇 번 만에 0이 되는지를 간단히 한 연산이
나눗셈이라고 할 수 있습니다. 이 예제에서는 이를 나눗셈 기호로 쓰면 60 ÷ 20 =
3으로 간단히 표현합니다. 몫인 3의 의미는 앞에서 설명한 횟수와 개수의 의미로
생각하시면 되겠습니다.

그러면, 위 예제 2-2의 나눗셈의 역연산을 해볼까요? 이 연습문제에서의 나눗셈의 역연산은, '56개의 배는 8개의 배를 7번 더한 것과 같습니다' 입니다. 이를 곱셈 기호로 간단히 하면, '56 = 8 × 7'과 같습니다. 곱셈 구구단을 알고 있는 초등학교 2학년들 이상의 고학년은 위 식이 맞았다는 것을, 즉, 위 식이 바른 계산인 것을 알 수 있겠지요. 이 식은 바로 나머지가 없는 나눗셈의 검산식입니다.

나누어지는 수 = 나누는 수 × 몫

즉, 우리는 56 ÷ 8 = 7이라는 나눗셈 연산을 했는데, 이 나눗셈 연산의 결과가 맞았는지 틀렸는지를 확인하기 위해, 수행한 나눗셈의 역연산으로 검토합니다. 그래서 역연산이 맞으면, 우리가 했던 나눗셈 연산이 맞았다고 말할 수 있고, 역연산이 틀리면, 우리가 했던 나눗셈 연산이 틀렸으니 다시 고치라는 의미로 생각하면 되겠습니다. 우리가 한 나눗셈 연산이 맞았는지 틀렸는지 확인해보는 식이 바로 나눗셈의 검산식이 되겠습니다.

위의 예제는 나머지가 없는 나눗셈이 예제였는데, 이번에는 나머지가 있는 나눗셈을 예로 들어 설명해 보겠습니다.

예제 2-3. 57개의 배가 있습니다. 이를 똑같이 8개씩 나누어 보시오. 이때 나눗셈과 몫 및 나머지의 의미를 쓰시오.

- $57 ÷ 8 = 7 ⋯ 1$

① 57개 배를 똑같이 8개씩 묶어 덜어내면 7번 덜어낼 수 있다는 횟수를 뜻하는데, 이때 1개의 배가 남았습니다. 이 1개의 배는 8개씩 묶어서 덜어낼 수 없었습니다.

② 57개 배를 똑같이 여덟 곳으로 나누면 한 곳에 7개씩 놓인다는 개수

를 의미합니다. 이때 1개의 배는 나눌 수 없었습니다.

그러면, 위 예제의 나눗셈 역연산을 해볼까요? 이 예제에서는 '57개의 배는 8개의 배를 7번 더한 것과 추가로 8개씩 묶을 수 없는 나머지 1개의 배를 더한 것과 같습니다'입니다.

이를 곱셈과 덧셈 기호로 사용하면 나타내면, '57 = 8 × 7 + 1'과 같습니다. 이 식이 바로 나머지가 있는 나눗셈의 검산식입니다.

나누어지는 수 = 나누는 수 × 몫 + 나머지

그러면 위에서 설명한 나눗셈 연산에서, 나머지는 나누는 수보다 같거나 클 수 있을까요?

이 질문에 관한 답은 '나눗셈 연산의 약속에 의해 남는 나머지는 나누는 수보다 같거나 클 수 없습니다'입니다. 위의 예제에서 보면, 나머지 1은 나누는 수 8보다 작다는 것을 알 수 있습니다.

만일에 나눗셈 연산을 한 후에 나눠서 남는 수가 나누는 수보다 같거나 크면, 이 남는 수는 나머지라고 하지 않고, 나누기가 아직 덜 되었다는 것을 의미합니다. 따라서 이 남는 수를 나누는 수보다 작아질 때까지 또는 나누어떨어질 때까지 더 나누면 되겠지요. 나머지의 성질에 관련된 문제를 연습해 보겠습니다.

예제 2-4. 사과 한 상자가 있습니다. 이 사과 전체를 상자 5개에 똑같이 나누어 담았더니 16개씩 담고 몇 개가 남았습니다. 다시 봉지 6개에 똑같이 나누어 담았더니 남는 게 없습니다. 처음 사과의 개수는 몇 개인가요? (1장의 **예제** 1-2 참조)

단계 ❶. 사과의 수를 (   )로 두고, '사과 전체를 상자 5개에 똑같이 나누어 담았더니 16개씩 담고 몇 개가 남았습니다'라는 문장을 나눗셈의 개념을 사용하여 수식으로 씁니다.

(   ) ÷ 5 = 16 ··· [ ]

단계 ❷. 나눗셈의 성질에 의해, 나머지 [ ]는 5보다 작은 1, 2, 3, 4가 가능합니다.

단계 ❸. 나눗셈의 검산식을 활용합니다.

(   ) = 5 × 16 + 4 = 84가 6으로 나눠서 떨어짐.

정답 84개

예제 2-5. (   )를 5로 나누었더니 몫이 130이고 나머지가 있었습니다. 다음
(   )에 들어갈 자연수 중에 가장 큰 수는?

(   ) ÷ 5 = 13 ··· **나머지**

풀이과정

단계 ❶. 나눗셈의 검산식을 이용하여, (   )를 표현합니다.

(   ) = 5 × 13 + 나머지

단계 ❷. 나눗셈의 성질에 의해, 나머지가 될 수 있는 수는 나누는 수 5보다 작아야 하므로, 나머지는 0, 1, 2, 3, 4가 될 수 있습니다.

단계 ❸. (   )가 가장 크려면, 나머지가 될 수 있는 수 중에서 가장 큰 수를 찾으면 되겠지요.

따라서, (   ) = 5 × 13 + 4 = 69

정답 69

초등학교 5학년 수학에서는 나누는 수는 언제나 자연수인 나눗셈, 초등학교 6학년 수학에서는 나누는 수는 분수 또는 소수인 나눗셈을 배웠습니다. 관련 개념인 분수

와 소수의 개념에 대해 복습 및 정리하겠습니다.

03 / 분수(分數, fraction)

1) 분수의 개념

분수의 개념은 나눗셈의 개념과 직접적으로 연결되어, 초등학교 수학에서 등장하는 중요 개념으로, 초등학교 수학 교과과정뿐 아니라, 중·고등학교 수학까지 계속 사용 및 활용됩니다. 따라서 초등학교 수학과정 및 예비 중학생들은 중학교 수학을 배우기 전에 필수적으로 복습해야 할 중요 개념들 중 하나입니다. 그러면 그 내용을 관련 개념들인 나눗셈, 비율 등과 연계하여 복습 및 정리해 보겠습니다.

초등학교 4학년 수학 교과서에서는 가로선을 긋고 그 위의 수를 분자라고 부르고, 그 아래의 수를 분모라고 부르는 $\dfrac{분자}{분모}$의 수를 분수라는 기호로 소개합니다.

$$분수 = \dfrac{분자}{분모}$$

$$예 \quad \dfrac{2}{3}, \dfrac{4}{5}, \dfrac{7}{5}, \dfrac{5}{5} \cdots$$

분수(分數)의 분(分)은 '나누다'라는 의미를 가지는 한자입니다. 따라서, 분수는 '나누어진 수' 또는 '수를 나눈다'라는 의미를 가지는 용어겠구나 생각하시면 되겠습니다. 이렇게 약속한 분수는 아래 세 가지 개념이 있습니다.

분수의 첫 번째 개념은 '분자에 적혀 있는 수를 분모에 적혀 있는 수로 나누시오, 그 결과는 무엇인가요?'라는 '나눗셈'의 의미를 가지는 수입니다.

보충설명 $\frac{2}{5}$는 2를 똑같이 다섯으로 나누어 보시오, 또는 2 나누기 5의 개념이지요. 분수가 우리 주변에서 사용되는 예를 들어보면, 2개의 사과가 있는데 이를 다섯 사람들이 똑같이 나누어 가질 때, 한 사람이 가져야 할 사과 양이 바로 $\frac{2}{5}$라는 분수의 의미입니다. 2미터의 색 테이프가 있는데 이를 5등분 할 때 각 등분의 길이는 $\frac{2}{5}$m입니다 등을 들 수 있겠습니다.

분수의 두 번째 개념은 '전체의 부분만큼'이라는 개념입니다. 예로, '15의 $\frac{2}{5}$만큼', 또는 '전체 학생의 $\frac{3}{10}$만큼' 등의 용어들이 수학 교과서에 많이 사용되는데, 이 용어들의 약속 및 의미를 먼저 파악하는 게 중요합니다. 분수는 항상 '전체의' 또는 '전체 …의'라는 단어들 뒤에 나오는 수학적 기호로, 분수 앞에 특정한 '…의'라는 말이 없다면, 분수의 앞에 '1의'라는 단어가 생략되었고, 1을 전체로 보았다고 생각하면 됩니다.

보충설명 '15의 $\frac{2}{5}$를 알아보자'는 의미는 '15가 전체인데, 전체 (15)를 똑같이 다섯으로 나눈 것 중에서 둘 만큼입니다'라는 의미입니다. 그러면 15를 5로 나누면 3이 되고, 각각의 3이 2개씩 있으니, 3 곱하기 2는 6으로 답이 6이 되겠지요. 이 예제에서는 수학 연산의 기호로는 15의 $\frac{2}{5}$는 $15 \div 5 \times 2$입니다. 이를 $15 \times \frac{2}{5}$로도 표현합니다.

보충설명 $\frac{1}{5}$이라는 표현은 분수의 앞에는 아무 말이 없으니, 이 분수 앞에는 '1의'라는 단어가 생략되었고 (즉 1의 $\frac{1}{5}$), 1을 전체로 보았다고 생각하시면 되겠습니다. 따라서 $\frac{1}{5}$은 1의 $\frac{1}{5}$라는 의미로, '1을 다섯 개의 등분으로 나누었는데, 이 중에서 한 등분만큼입니다.'라고 의미를 해석할 수 있습니다. 이 예제에서는 수학 연산의 기호로는 $\frac{1}{5}$은 '1 ÷ 5'입니다. 이 개념은 아래 예제들(예제 2-7, 2-8)을 통해서 연습을 해보겠습니다.

> 분수의 세 번째 개념은, '비율(比率, ratio)'의 의미입니다. 우리는 두 개의 양을 비교하고자 합니다. 우리가 관심을 가지고 있는 어떤 양을 기준이 되는 양(또는 전체 양)과 비교하고자 하는데, 전체의 양(또는 기준량)은 분모로, 비교하고자 하는 양은 분자인 분수를 약속하면 이렇게 약속한 분수를 '비율(比率, ratio)'이라고 합니다. 즉, 분수는 $\dfrac{\text{비교하고자 하는 양}}{\text{기준량(전체양)}}$의 개념을 가지는 비율입니다.

보충설명 전체 학생 수는 100명이고, 이 중에 여학생이 45명입니다. 우리는 여학생의 수가 전체 학생의 수와 비교하여 얼마만큼인지 관심이 있습니다. 이때, 우리는 전체 학생 수인 100명이 분모로, 비교하고자 하는 양인 여학생 수인 45명이 분자로 가는 분수인 $\frac{45}{100}$를 '전체 학생에 대한 여학생의 비율'이라고 말할 수 있습니다. 그리고 '전체 학생의 $\frac{45}{100}$가 여학생입니다'라고 말을 할 수 있습니다. 여기서 $\frac{45}{100}$는 $\dfrac{\text{비교하고자 하는 양}}{\text{전체양}}$의 의미를 가지는 비율의 의미라고 할 수 있습니다. 비율의 개념은 초등학교 6학년 수학 때 소개된 비, 비율, 퍼센트의 개념과 연계하여 많이 활용됩니다.

예제 2-6. 아래 나눗셈을 분수로 표현하시오.

$$1 \div 3 = \frac{1}{3}$$

$$4 \div 5 = \frac{4}{5}$$

$$5 \div 5 = \frac{5}{5}$$

$$7 \div 3 = \frac{7}{3}$$

분수와 나눗셈은 단어가 다르니, 전혀 관계없는 개념으로 생각하는 아이들을 종종 보게 되었는데, 이 예제를 통해 분수와 나눗셈의 관계에 대해 명확히 개념을 가지는 게 필요합니다. 역사적으로는 분수는 인류가 태어나고 초창기 원시시대에 문명의 발전과 함께 자연스럽게 발생하였습니다. 2개의 물고기를 잡았는데, 이를 5명의 원시인들이 똑같이 나눠 가지려고 할 때, 한 사람이 가져야 할 물고기양에 자연스럽게 관심을 가지게 되었지요. 이를 $\frac{2}{5}$로 표기를 하였고, 그때 분수의 개념이 자연스럽게 나타나게 되었던 것입니다. 즉, 분수는 나눗셈에서 나왔습니다.

위 예제에서 보면 알 수 있듯이, 분모가 분자가 큰 경우도 있고, 같은 경우도 있고, 작은 경우도 있는데 분모와 분자의 대소관계에 따라서 분수에는 세 가지로 분류합니다. 분모의 크기가 분자의 크기보다 큰 분수를 진분수(眞分數)라고 하고, 분모의 크기가 분자의 크기와 같거나 큰 분수를 가분수(假分數)라고 하며, 자연수와 진분수로 이루어진 분수를 대분수(帶分數)라고 합니다. 왜 이런 용어를 붙였을까요?

분수는 전체를 나누는 수에서 생겨났기 때문에 전체를 일로 보면, 항상 일보다 작은 수로 표기하는 방법을 생각하다가 만들었습니다. 따라서 일보다 작은 분수, 즉 분모가 분자보다 큰 분수를 '진짜'라는 뜻의 한자 진(眞)을 붙여서 진분수라고 명칭을 붙였습니다.

가분수(假分數)는 진분수를 더하다 보면 일이나 일보다 큰 분수가 나올 수 있으니,

'고유의 의미가 아니다' 또는 '가짜'라는 의미의 한자 가(假)를 붙여 가분수라는 명칭을 붙였습니다.

그리고 진분수가 자연수와 같이 있는 형태로 나타낸 분수를 '띠를 두르다' '허리를 차다'라는 뜻인 대(帶)를 붙여 대분수(帶分數)라는 명칭이 나왔습니다.

예제 2-7. 25개의 사과가 있는데 이 사과의 $\frac{2}{5}$만큼을 포장하려 합니다. 포장하려는 사과의 개수는 얼마인가요?

문제를 읽어보니, 분수 문제이고, '전체의 분수만큼'이라는 표현이 있는 문제가 나왔습니다. 그러면, '전체는 25개 사과, 분수는 $\frac{2}{5}$입니다'라고 결론을 내릴 수 있습니다. 위에서 설명한 나눗셈의 개념 2에 해당합니다. 답을 구하는 방법들은 아래와 같습니다.

풀이과정 1. ─────────────────────────────

25의 $\frac{2}{5}$만큼은 전체 25개의 사과를 똑같이 다섯으로 나눈 묶음 중에서 두 개의 묶음만큼 있는 사과의 수만큼입니다. 전체 25개의 사과를 똑같이 다섯으로 나누면, 나눗셈의 개념 및 연산 결과에 의해 5개의 묶음이 나오는데, 각 묶음에 사과들이 5개씩 있고, 이 묶음 중에 2개의 묶음만큼 있는 사과의 수는 5 × 2 = 10개이므로 10개가 정답입니다.

풀이과정 2. ─────────────────────────────

25의 $\frac{2}{5}$를 연산으로 표현하면 25÷5×2입니다. 25 나누기 5는 5입니다. 그 남은 5에 2를 곱합니다. 10이 정답입니다.

풀이과정 3.

25개의 사과를 5개씩 묶으면 5개 묶음이 나오는데 각 묶음이 2개씩 있으니, 총 10개의 묶음입니다.

풀이과정 4.

25개의 사과를 5개씩 덜어내면 5번 만에 전부 덜어낼 수 있는데, 이 덜어낸 횟수의 2배가 10회입니다.

위 문제들의 답을 찾을 때, 아이마다 좋아하는 방법 또는 친숙한 방법이 각각 다를 수 있습니다. 위의 방법 중 그 어떤 방법을 써서 정답을 찾아도 괜찮습니다. 단, 사고력을 키우기 위해서는 한 가지 방법뿐 아니라, 여러 가지 방법들 및 그 각각의 의미를 알아두는 것이 좋습니다.

예제 2-8. 30의 $\dfrac{2}{5}$를 앞에서 설명한 나눗셈의 몫의 의미와 관련지어서 여러 가지 방법으로 답을 구하시오.

풀이과정 1.

30을 5씩 덜어내면 6번 덜어냄. 그 덜어낸 횟수가 각각 2개씩. 그러면 6 × 2 = 12회

풀이과정 2.

30을 5개씩 묶었을 때 각 묶음에 있는 곳의 개수는 6개, 그런데 그 각각이 2개씩 있으니 6 × 2 = 12개

풀이과정 3.

연산을 활용하면, 30의 $\dfrac{2}{5}$ = 30 ÷ 5 × 2 = 12

예제 2-9. 사과와 배, 참외가 모두 합하여 60개 있습니다. 사과는 전체의 $\dfrac{2}{5}$ 이고, 나머지의 $\dfrac{3}{4}$은 배, 그 나머지는 참외였습니다. 참외는 몇 개 인지 알아내시오.

풀이과정

단계 ❶. 분수의 두 번째 개념을 사용하여 문제를 해결

사과의 수 = 전체의 $\dfrac{2}{5}$이고, 전체 = 60입니다. 따라서, 분수의 두 번째 개념의 방법을 사용하면, $60 \times \dfrac{2}{5} = 60 \times 2 \div 5 = 24$개입니다.

단계 ❷. 사과를 제외한 나머지 과일의 수는 $60 - 24 = 36$개입니다. 이 나머지 36개 중 $\dfrac{3}{4}$이 배이므로, 분수의 두 번째 개념의 방법을 사용하면 $36 \times \dfrac{3}{4} = 36 \times 3 \div 4 = 27$개입니다.

단계 ❸. 36개 중 배를 제외한 나머지 과일의 수 = $36 - 27 = 9$개가 정답입니다.

2) 분수의 크기 비교 원리

그러면 분수의 크기 비교에 대해 복습해 보겠습니다. 초등학교 수학과정에는 분수의 크기 비교는 '분모가 같은 경우는 분자의 크기가 큰 분수가 크고, 분자가 같은 경우는 분모의 크기가 작은 분수가 큰 분수'라고 배웠지요. 그런데 이를 그냥 외우는 것보다 어떤 원리에 의해 위 결과가 나오는지 파악하는 게 중요합니다. 예로,

$\dfrac{2}{5}$와 $\dfrac{3}{5}$의 크기를 나눗셈의 개념 및 원리와 그림을 통해 비교해보도록 하겠습니다.

풀이과정 1.

나눗셈의 개념에 의하면, $\dfrac{2}{5}$는 1의 $\dfrac{2}{5}$의 개념으로, 전체 1m 색 테이프를 똑같이 다섯 등분했을 때, 두 개의 등분만큼의 길이(즉, 0.4m)를 의미합니다.

$\dfrac{2}{5}$

$\dfrac{3}{5}$

$\dfrac{3}{5}$은 1m 색 테이프를 똑같이 다섯 등분했을 때, 세 개의 등분만큼의 길이를 의미하지요. 그림을 보면, 쉽게 $\dfrac{3}{5}$이 $\dfrac{2}{5}$보다 크다는 것을 알 수 있습니다.

풀이과정 2.

또는 $\dfrac{2}{5}$는 $\dfrac{1}{5}$이 두 개인 수, $\dfrac{3}{5}$은 $\dfrac{1}{5}$이 세 개인 수이므로 당연히 $\dfrac{3}{5}$이 $\dfrac{2}{5}$보다 크다고 할 수 있습니다.

분자가 같은 경우, 분수의 크기 비교에 대해 알아보겠습니다. 이 경우, 원리를 배우지 않고, '분자가 같으면 분모가 작을수록 큰 분수'라고 공식처럼 암기만 한 아이들 경우는 공식처럼 외운 내용을 잊어버리거나, 정답을 거꾸로 쓰는 경우가 있습니다. 이 습관이 있는 아이들은 '분자가 같으면 분모가 작을수록 큰 분수'를 공식처럼 외우지 말고, 아래 원리 설명을 읽고 자연스럽게 결론을 얻는 습관을 가지는 게 필요합니다.

예로, $\frac{1}{2}$과 $\frac{1}{3}$의 크기 비교를 나눗셈의 개념과 그림을 통해 비교해보겠습니다.

$\frac{1}{2}$

$\frac{1}{3}$

$\frac{1}{2}$은 1의 $\frac{1}{2}$이니, 전체 1을 똑같이 두 개로 나누었을 때, 한 개만큼을 의미합니다.

$\frac{1}{3}$은 1의 $\frac{1}{3}$이니, 전체 1을 똑같이 3개로 나누었을 때, 한 개만큼을 의미합니다.

그림을 보면, 당연히 $\frac{1}{2}$이 $\frac{1}{3}$보다 길다는 것을 알 수 있겠지요. 또 다른 예제를 들어볼까요?

사과 한 개가 있는데, 이를 나눠서 사람들에게 나눠주려고 합니다. $\frac{1}{2}$은 사과 반쪽을 의미하고, $\frac{1}{3}$은 사과 한 개를 똑같이 세 등분했을 때 한쪽을 의미하니, 사과 반쪽과 사과를 세 등분했을 때 한쪽의 크기를 비교해보면, 당연히 사과 반쪽이 더 크다는 것을 알 수 있습니다.

사과 반쪽 = $\dfrac{1}{2}$ > 사과 한 개를 똑같이 세 등분했을 때 한쪽 = $\dfrac{1}{3}$

이처럼, 원리를 통해서 분수 크기 비교를 하면 분수들의 크기 비교를 할 때, 공식처럼 암기할 이유도 없을 것이고 잊어버릴 이유도 없겠지요. 위와 같이 그림원리를 통해서, 두 개의 분수를 비교할 때, 분자가 같으면 분모가 작을수록 큰 분수이라는 결론을 얻을 수 있는데, 분자가 같은 경우는 초등학교 5학년 교과서에서는 통분(通分), 즉 분모의 크기를 같게 해주는 작업을 활용하여 어떤 분수의 크기를 비교도 할 수도 있습니다. 이 통분의 개념도 나눗셈의 원리 및 개념과 그림원리를 통해 학습하면 공식처럼 암기할 이유는 없을 것입니다. 앞의 예를 가지고 설명해 드리면 아래와 같습니다.

$\dfrac{1}{2}$은 전체 1을 똑같이 두 개로 나누었는데, 1개만큼을 의미합니다.

(그림 2-1)

$\dfrac{1}{3}$은 전체 1을 똑같이 세 개로 나누었는데, 1개만큼을 의미합니다.

(그림 2-2)

$\frac{1}{2}$ 을 나타내는 그림 2-1에서, 전체 1을 똑같이 6개로 나누어 주면, 아래와 같은 결과를 얻을 수 있습니다.

(그림 2-3)

(그림 2-1)과 (그림 2-3)을 보면, $\frac{1}{2}$ 은 전체를 똑같이 6개로 나누었을 때, 3개만큼을 의미하니, $\frac{1}{2} = \frac{3}{6}$ 과 같다는 것을 쉽게 알 수 있습니다.

$$\frac{1}{2} = \frac{3}{6}$$

$\frac{1}{3}$ 을 나타내는 (그림 2-2)에서, 전체 1을 똑같이 6개로 나누어 주면 다음의 그림을 얻을 수 있습니다.

(그림 2-4)

(그림 2-2)와 (그림 2-4)를 보면, $\frac{1}{3}$ 은 전체를 똑같이 6개로 나누었을 때, 2개만큼을 의미하니, $\frac{1}{3} = \frac{2}{6}$ 과 같다는 것을 쉽게 알 수 있습니다.

$$\frac{1}{3} = \frac{2}{6}$$

따라서, $\frac{1}{2} = \frac{3}{6}$, $\frac{1}{3} = \frac{2}{6}$ 이므로, 통분을 통해서도 $\frac{1}{2}$ 이 $\frac{1}{3}$ 보다 크다는 결론을 얻습니다.

3) 가분수를 대분수로 고치는 원리

초등학교 수학과정에서 배웠던 가분수를 대분수로 고치는 방법을 정리해 보겠습니다. 가분수의 분자를 분모로 나누어서 몫을 대분수의 자연수 부분으로 쓰고, 나머지를 분자에 쓰면 대분수가 된다고 배웠습니다. 그런데 가분수를 대분수로 고치는 것을 공식으로 암기한 아이들은 나중에 이를 잊어버리는 경우가 종종 있습니다. 따라서 이것도 역시 그 원리를 파악해서 정리하는 것도 필요합니다. 예로 $\frac{13}{6}$을 대분수로 고쳐보도록 하겠습니다. $\frac{13}{6}$은 $\frac{1}{6}$이 13개인 수이므로 그림으로는,

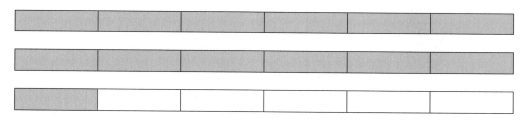

(그림 2-5)

그러면 위 (그림 2-5)에서, 앞의 두 개의 막대의 색칠한 부분은 2와 같고, 세 번째 막대의 색칠한 부분은 $\frac{1}{6}$과 같으니 $2+\frac{1}{6}$로 쓸 수 있습니다. 이를 대분수 기호로 쓰면 $2\frac{1}{6}$입니다.

4) 대분수의 크기 비교

대분수 크기 비교할 때는 자연수 부분부터 비교합니다. 자연수 부분이 큰 대분수가 큰 분수입니다.

$$2\frac{3}{4} \qquad 3\frac{1}{4}$$

위에서 보면 $2\frac{3}{4}$의 자연수 부분이 2고, $3\frac{1}{4}$의 자연수 부분이 3으로 2 < 3이니, $2\frac{3}{4}$ < $3\frac{1}{4}$입니다. 이것도 그림원리를 통하면 쉽게 알 수 있습니다.

$2\frac{3}{4}$을 그림으로 표현하면,

(그림 2-6)

$3\frac{1}{4}$을 그림으로 표현하면,

(그림 2-7)

위 두 그림을 비교하면 $3\frac{1}{4}$이 $2\frac{3}{4}$보다 크다는 사실을 쉽게 알 수 있습니다.

5) 분수의 덧·뺄셈 복습 및 정리

그러면, 분수의 덧셈과 뺄셈을 간단히 복습 및 정리해 보도록 합니다.

(1) 분모가 같은 경우 진분수의 덧셈과 뺄셈

분모가 같은 진분수의 덧셈과 뺄셈은 분모는 그대로 두고, 분자의 수끼리 더하고 뺍니다. 덧셈 경우, 더한 후 답이 가분수이면 대분수로 고칩니다.

보충설명 $\frac{1}{5} + \frac{3}{5} = (\frac{1}{5}$이 1개인 수$) + (\frac{1}{5}$이 3개인 수$)$이므로 $(\frac{1}{5}$이 4개인 수$)$, 즉 $\frac{4}{5}$가 정답입니다. 같은 논리로, $\frac{4}{5} + \frac{3}{5} = \frac{7}{5} = 1\frac{2}{5}$가 정답입니다(초등학교 수학 교과서에서는 가분수를 답으로 두지 않고 이를 대분수로 고쳐서 적습니다).

$\frac{4}{5} - \frac{2}{5} = (\frac{1}{5}$이 4개인 수$) - (\frac{1}{5}$이 2개인 수$)$이므로 $(\frac{1}{5}$이 2개인 수$)$, 즉 $\frac{2}{5}$가 정답입니다.

위 예제들도 앞의 그림원리의 방법을 통해서 연습하면 분모는 그대로 두고, 분자의 수끼리 더하고 뺀다는 사실이 자연스럽게 나온다는 것을 확인할 수 있습니다. 연습해 보길 바랍니다. 지면 관계상 설명은 생략하겠습니다.

(2) 분모가 같은 경우 대분수의 덧셈과 뺄셈

분모가 같은 대분수의 덧셈은 자연수는 자연수끼리, 분수는 분수끼리 더하고, 분수끼리 더한 값이 가분수이면 대분수로 고쳐 자연수와 더합니다. 그리고 분모가 같은 대분수의 뺄셈은 자연수는 자연수끼리 분수는 분수끼리 빼고, 분수끼리 뺄 수 없을 때는 자연수 부분의 1을 받아내림하여 계산합니다.

보충설명 '$1\frac{2}{5} + 2\frac{4}{5} = ?$'을 예를 들어 설명하면 아래와 같습니다.

- $1+2 + (\frac{2}{5} + \frac{4}{5}) = 3 + \frac{6}{5}$

$\frac{6}{5}$이 가분수이니 대분수로 고치면, $3 + 1 + \frac{1}{5} = 4\frac{1}{5}$

'$3\frac{1}{5} - 1\frac{4}{5} = ?$'을 예를 들어 설명하면 아래와 같습니다.

- $3\frac{1}{5} - 1\frac{4}{5} = (3-1) + (\frac{1}{5} - \frac{4}{5})$

자연수는 자연수끼리 분수는 분수끼리 빼려 하니, 분수끼리 뺄 수가 없습니다. 따라서, 자연수 부분의 1을 받아내림하여 아래와 같이 계산해서 답을 얻습니다.

- $3\frac{1}{5} - 1\frac{4}{5} = 2\frac{6}{5} - 1\frac{4}{5} = 1\frac{2}{5}$

위 예제들도 앞의 그림원리 방법을 통해서 연습하면 답이 자연스럽게 나온다는 것을 확인할 수 있습니다. 연습해 보기 바랍니다. 지면 관계상 설명은 생략하겠습니다.

(자연수 - 진분수)의 계산: 아래 예제 2-10 풀이과정 참조

예제 2-10. 2리터(ℓ) 컵에 물이 가득히 있습니다. $\frac{1}{5}$ 리터(ℓ)를 마셨습니다. 컵에 남아있는 물은 몇 리터(ℓ)인가요?

$2 - \frac{1}{5} = 1\frac{5}{5} - \frac{1}{5} = 1\frac{4}{5}$ 리터(ℓ)가 정답입니다(자연수 2를 1+1로 쓸 수 있고, 두 번째 1을 $\frac{5}{5}$ 로 바꿔줍니다. 그러면, $2 = 1 + \frac{5}{5} = 1\frac{5}{5}$ 로 바꿔서 표현하였고, 대분수의 뺄셈 연산을 수행하여 정답을 얻었습니다.) 또 다른 풀이방법은 자연수 2를 $\frac{10}{5}$ 으로 가분수로 표현한 후에 분수의 뺄셈 연산을 수행한 후, 얻어진 가분수를 대분수로 고치면 똑같은 결과를 얻을 수 있습니다. 그림원리로는, 2개의 사과 각각을 5등분한 후에 한 조각의 사과만큼 빼면, $1\frac{4}{5}$ 만큼의 사과가 남게 됩니다. 이는 그림원리를 통해서 쉽게 답을 얻을 수 있는데, 이는 지면 관계상 생략하겠습니다. 연습해 보길 바랍니다).

(3) 분모가 다른 분수의 덧셈과 뺄셈

분모가 다른 분수의 덧셈은 분모를 같게 한 후(통분)에 계산하고 받아올림이 있는지 확인합니다. 분모가 다른 분수의 뺄셈은 분모를 같게 한 후 계산하고 받아내림이 있는지 확인합니다.

$\dfrac{1}{3} + 1\dfrac{1}{2} = $ 을 예를 들어 설명하면 아래와 같습니다.

$\dfrac{1}{3}$을 그림으로 나타내면 아래와 같습니다.

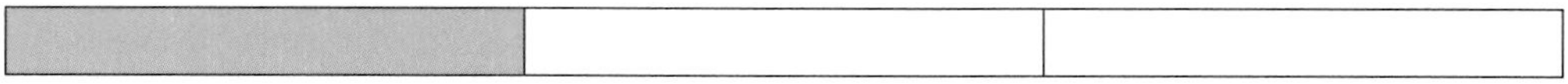

(그림 2-8)

$1\dfrac{1}{2}$을 그림으로 나타내면 아래와 같습니다.

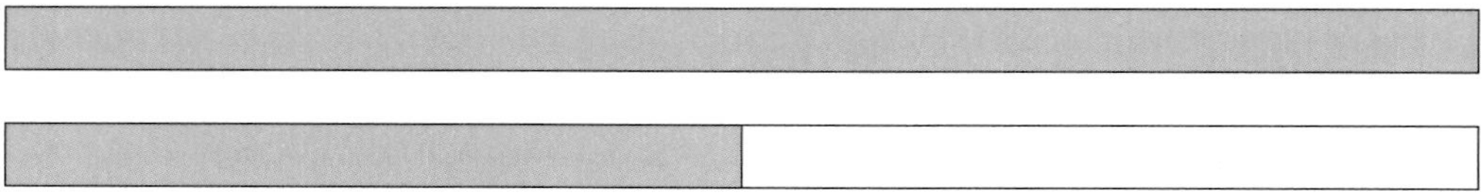

(그림 2-9)

$\dfrac{1}{3}$을 나타내는 그림에서, 전체 1을 똑같이 6개로 나누면 다음의 그림을 얻을 수 있습니다.

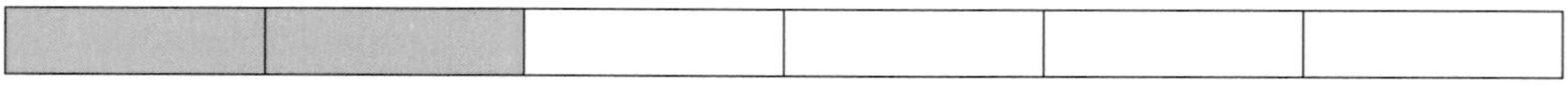

(그림 2-10)

그림을 보면 $\dfrac{1}{3}$은 전체를 똑같이 6개로 나누었을 때, 2개만큼을 의미하니, $\dfrac{1}{3} = \dfrac{2}{6}$ 과 같다는 것을 쉽게 알 수 있습니다. 그림 2-9의 $\dfrac{1}{2}$을 나타내는 그림에서, 전체 1을 똑같이 6개로 나누면, 다음과 같은 결과를 얻을 수 있습니다.

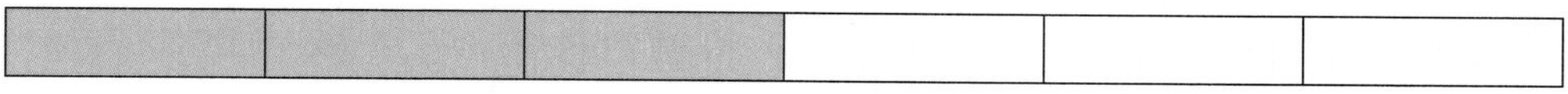

(그림 2-11)

위 그림을 보면, $\frac{1}{2}$은 전체를 똑같이 6개로 나누었을 때, 3개만큼을 의미하니, $\frac{1}{2}$ = $\frac{3}{6}$과 같다는 것을 쉽게 알 수 있습니다. 따라서, $\frac{1}{2}$ = $\frac{3}{6}$, $\frac{1}{3}$ = $\frac{2}{6}$이므로, 이 둘 ($\frac{1}{3}$ 과 $\frac{1}{2}$)을 더하면, 아래 그림이 나타내는 분수 $\frac{5}{6}$를 얻습니다. 그림으로 나타내면 아래와 같습니다.

정리하면, '$\frac{1}{3}$ + $1\frac{1}{2}$ ='을 그림으로 나타내면 아래와 같습니다.

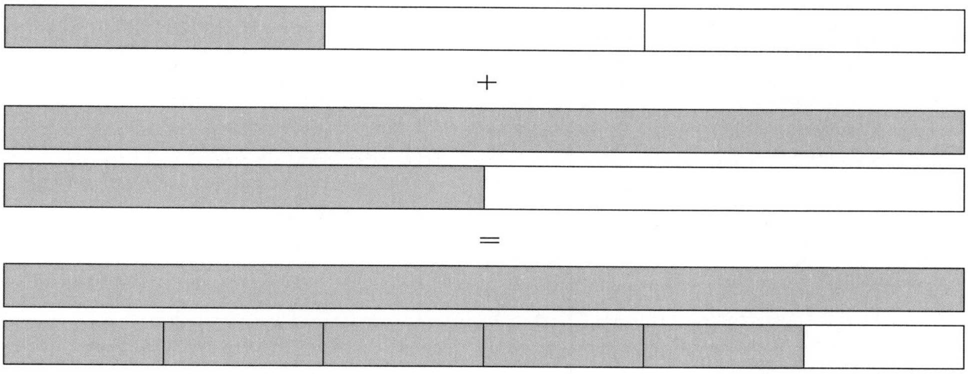

(그림 2-12)

그림 2-12의 세 번째 그림을 대분수로 표시하면 $1\frac{5}{6}$입니다.

따라서, $\dfrac{1}{3} + 1\dfrac{1}{2} = 1\dfrac{5}{6}$

위와 같이 문제를 풀면, 통분의 내용을 모르더라도 해결할 수 있습니다.
아래 예제를 그림원리를 통해 해결해 보도록 하겠습니다.

• $3\dfrac{1}{4} - \dfrac{1}{2} =$

$3\dfrac{1}{4}$ 을 그림으로 나타내면 아래와 같습니다.

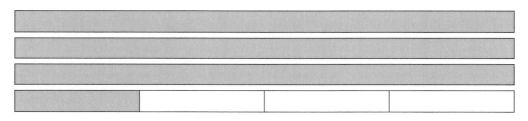

(그림 2-13)

$\dfrac{1}{2}$ 을 그림으로 나타내면 아래와 같습니다.

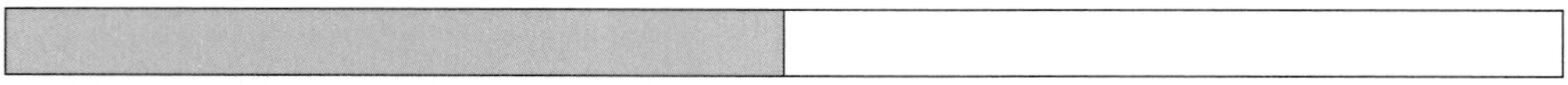

(그림 2-14)

그러면 위의 그림에서 아래 그림을 빼려고 하니, 위의 그림의 맨 마지막 막대의 길이가 $\dfrac{1}{2}$ 을 나타내는 막대보다 짧다는 것을 알 수 있습니다. 따라서 막대들을 아래와 같이 등분하겠습니다.

$3\dfrac{1}{4}$ 의 1에 대응되는 세 번째 막대를 네 등분 하겠습니다.

(그림 2-15)

$\dfrac{1}{2}$을 아래와 같이 네 등분하겠습니다.

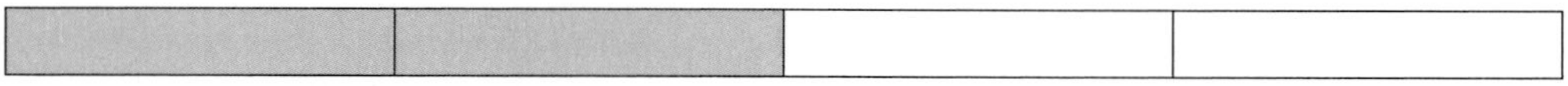

(그림 2-16)

따라서 $3\dfrac{1}{4}$에서 $\dfrac{1}{2}$을 빼니, $\dfrac{1}{2}$의 색칠된 두 개의 직사각형을 $3\dfrac{1}{4}$을 나타내는 그림에서 빼주면 되겠지요. 그러면 아래 결과를 얻습니다.

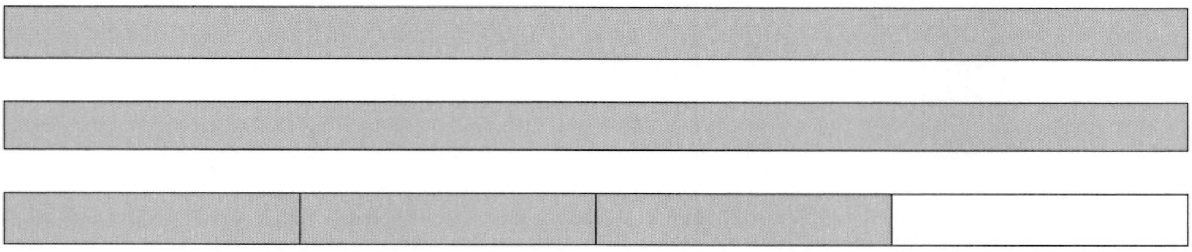

(그림 2-17)

이를 대분수로 표시하면 $2\dfrac{3}{4}$이 되겠습니다. 따라서 $3\dfrac{1}{4} - \dfrac{1}{2} = 2\dfrac{3}{4}$이 정답입니다.

2-1 $3\dfrac{1}{3} - \dfrac{1}{2} = 2\dfrac{8}{6} - \dfrac{3}{6} = 2\dfrac{5}{6}$

이 내용은 초등학교 5학년 때, 통분이라는 용어로 배웠고, 통분할 때 같게 만든 분모를 공통분모라는 용어를 사용하여 연산을 수행했습니다.

 2-2 $3\dfrac{1}{5} - 1\dfrac{4}{5} =$

분모가 같은 대분수의 뺄셈과 관련한 문제입니다.

예제 2-11. 분모와 분자 합이 12, 차가 2인 가분수가 있습니다. 이 가분수를 대분수로 나타내시오.

단계 ❶. 합이 12이고, 차가 2인 두 자연수는 5와 7이 됨을 알 수 있습니다. 가분수라고 했으니 분수는 $\dfrac{7}{5}$ 이라는 것을 알 수 있습니다.

단계 ❷. $\dfrac{7}{5}$ 을 앞에서 설명한 가분수를 대분수로 바꾸는 원리를 사용하여 대분수로 나타내면,

$$7 \div 5 = 1\frac{2}{5}$$

정답 $1\frac{2}{5}$

6) 나눗셈 개념 및 분수 개념 (   ) 넣기 문제 복습

예제 2-12. (   ) 안에 알맞은 수를 써넣으시오.

$$12는 (\quad)의 \frac{3}{7}$$

분수 단원에서, 위와 같이 (   ) 안의 수를 써넣는 문제는 초등학교 수학에서 자주 나오는 문제 중 하나인데, 이와 같은 문제들을 아이들에게 풀라고 하면, 차근차근 단계별로 접근해서 정답에 접근하는 것이 아니라, 머릿속으로만 생각해서 풀이과정도 없이, 성급히 엉뚱한 답을 써서 틀리는 아이들이 있을 수 있습니다. 이와 같은 습관이 있는 아이들은 아래에 제시하는 단계별로 차근차근 정답으로 가는 과정을 연습하는 것이 좋습니다.

풀이과정 1.

초등학교 4~5학년 또는 분수의 나눗셈에 익숙하지 않은 초등 6학년

1. (   ) ÷ 7 × 3 = 12(전체를 일곱 개 묶음으로 나눴을 때 세 개의 묶음에 있는 것의 수 12)

2. 여기서 (   ) ÷ 7을 큰 덩어리로 봐서, ( )로 생각합니다. 그러면 아래 식을 얻습니다.

   ( ) × 3 = 12

   위 식으로부터 쉽게 ( ) = 4를 얻습니다.

3. (   ) ÷ 7을 큰 덩어리로 봐서 ( )로 생각했으니, 이로부터 (   )를 얻

습니다.

(　　) ÷ 7 = 4로부터 (　　) = 28을 얻습니다.

정답 28

위와 같은 연습은 앞으로 중·고등학교 과정에서 강조되는 서술형 또는 논술형 문제에 대비하는 데 도움이 될 수 있습니다.

풀이과정 2.

나누는 수가 소수인 나눗셈을 배운 초등학교 6학년 학생들 및 예비 중학생들 분수의 나눗셈 개념을 아는 초등 6학년 경우는,

$$(\quad) \times \frac{3}{7} = 12,$$

등식의 양변을 $\frac{3}{7}$으로 나누기합니다.

$$(\quad) = 12 \div \frac{3}{7} = 12 \times \frac{7}{3} = 28$$

 초등학교 4~5학년이나, 분수의 나눗셈에 익숙하지 않은 초등학교 6학년은 방법 1의 접근방법이 좋음.

풀이과정 3.

1장에 간단히 설명한, '등식'의 개념 및 성질을 배운 예비 중학생이나, 방정식의 개념을 알고 있는 중학생들은 아래와 같이 등식의 성질을 사용하여서도 문제를 풀 수 있겠지요.

$$(\quad) \times \frac{3}{7} = 12$$

등식의 양변에 7을 곱합니다.

$$(\quad) \times 3 = 12 \times 7 = 84$$

등식의 양변을 3으로 나눕니다.

$$(\quad) \times \frac{3}{3} = \frac{84}{3} = 28$$

정답 ( ) = 28

유제 2-3 ( ) 안에 알맞은 수를 넣으시오.

$$4는 (\quad)의 \frac{4}{10} 입니다.$$

7) 분수의 나눗셈

초등학교 5학년까지 배웠던 나누는 수가 언제나 자연수인 나눗셈의 경우는 앞에서 설명한 나눗셈의 개념 및 원리의 방법을 사용하여 문제들을 해결하면 됩니다. 초등학교 6학년에서 배우는 나누는 수가 분수나 소수인 나눗셈 경우들도 개념적으로 해결할 수는 있지만, 복잡한 경우도 발생하기 때문에 아래의 큰 틀의 방법으로 문제를 해결하는 것이 좋습니다. 몇몇 예제를 들어보겠습니다.

분수의 나눗셈의 큰 틀

1) 나누기 자연수 ➡ 곱하기 (1/자연수)
2) 나누기 분수 ➡
   ① 대분수는 가분수로 고친다.
   ② 나누기를 곱하기로 바꾸고, 분수의 분모와 분자를 바꾼다(역수를 취함).

예제 2-13.

1) $9 \div \dfrac{3}{10} = 9 \times \dfrac{10}{3} = 30$

2) $\dfrac{36}{100} \div \dfrac{3}{2} = \dfrac{36}{100} \times \dfrac{2}{3} = \dfrac{12}{50} = \dfrac{6}{25}$

예제 2-14. 길이가 3m인 리본을 $\dfrac{3}{10}$ m씩 자르면 몇 토막이 생기나요?

풀이과정 1.

$3 \div \dfrac{3}{10} = 3 \times \dfrac{10}{3} = 10$토막

풀이과정 2.

그림 사용. 3m를 $\dfrac{3}{10}$씩 똑같이 잘라냅니다. 그러면 10등분 됩니다. $\dfrac{3}{10}$ 은 3을 10개로 똑같이 나누라는 말이니, 10등분이 답입니다.

0   3

풀이과정 3.

$3m = \dfrac{3}{10} m \times (\quad)$, 여기서 $(\quad) = 10$토막

위에서 제시하는 그 어떤 방법을 사용해서 답을 찾아도 좋습니다.

예제 2-15. 수도꼭지를 틀어 $\dfrac{3}{4}$분 동안 물을 받았더니 $5\dfrac{2}{5}$리터(ℓ)가 되었습니다. 이 수도꼭지에서 1분 동안 나오는 물은 몇 리터인가요?

 1.

$$5\dfrac{2}{5} \div \dfrac{3}{4} = 5\dfrac{2}{5} \times \dfrac{4}{3} = \dfrac{27}{5} \times \dfrac{4}{3} = \dfrac{36}{5} \text{리터}(\ell)$$

2.

비례식을 활용

$$\dfrac{3}{4} : 5\dfrac{2}{5} = 1 : (\quad)$$

비례식의 성질을 활용하면, ( ) $= \dfrac{36}{5}$ 리터(ℓ)를 얻습니다.

> **참고** 만일 이 문제에서 비례식을 세우고 정답을 얻는 데 문제가 있는 아이의 경우는 비례식의 개념 및 성질에 대해 복습이 필요한 경우이니, 2017년 이전 초등학교 6학년 수학 교과서 비례식 단원의 개념을 참조하거나 이 책 2장의 비례식의 개념 및 성질 내용을 참조해서 복습이 요구됨.

분수에 관련 몇몇 연습문제를 풀어보겠습니다.

예제 2-16. 길이가 각각 27㎝인 두 양초 '가', '나'를 동시에 켜 놓은 후, '가' 양초는 15분 후에 길이를 재었더니 $22\dfrac{1}{5}$㎝였고, '나' 양초는 20분 후에 길이를 재었더니 $18\dfrac{4}{5}$㎝였습니다. 두 양초를 1시간 동안 켜 놓았다가 길이를 쟀을 때, '가' 양초의 길이가 '나' 양초의 길이보다 몇 ㎝ 더 긴지 찾으시오.

• '가' 양초의 경우, 15분 동안 탄 길이는, $27 - 22\frac{1}{5} = 26\frac{5}{5} - 22\frac{1}{5} = 4\frac{4}{5}$ cm

    - 1시간 동안 탄 길이 = $4\frac{4}{5}$이 4개 = $16 + \frac{16}{5} = 19\frac{1}{5}$ cm

    - 1시간 동안 타고 남은 길이 = $27 - 19\frac{1}{5} = 26\frac{5}{5} - 19\frac{1}{5} = 7\frac{4}{5}$ cm

• '나' 양초의 경우 20분 동안 탄 길이, $27 - 18\frac{4}{5} = 26\frac{5}{5} - 18\frac{4}{5} = 8\frac{1}{5}$ cm

    - 1시간 동안 탄 길이 = $8\frac{1}{5}$이 세 개 = $24\frac{3}{5}$ cm

    - 1시간 동안 타고 남은 길이 = $27 - 24\frac{3}{5} = 26\frac{5}{5} - 24\frac{3}{5} = 2\frac{2}{5}$ cm

따라서 '가' 양초의 길이가 $7\frac{4}{5} - 2\frac{2}{5} = 5\frac{2}{5}$ cm 더 깁니다.

정답 $5\frac{2}{5}$ cm

유제 2-4 수도꼭지 틀어 $\frac{3}{4}$분 동안 물을 받았더니 $5\frac{2}{7}$ 리터(ℓ)가 되었습니다. 이 수도꼭지에서 1분 동안 나오는 물은 몇 리터(ℓ)인가요?

04 소수(小數, decimal fraction, decimal)의 개념 복습

1) 소수는 분수와 같다

분수와 소수는 그 표현 방법만 다를 뿐 같은 수라고 생각하면 됩니다. 예로 분수 $\frac{1}{10}$은 0.1로 나타낼 수 있고, 사과 1개의 절반은 분수로는 $\frac{1}{2}$로, 소수로는 0.5로 나타낼 수 있습니다. 표현하는 방법은 $\frac{1}{10}$, 0.1로 다르지만, $\frac{1}{10}$ = 0.1이고, $\frac{1}{2}$ = 0.5입니다.

그렇다면 분수가 있는데, 왜 소수를 배워야 할까요? 소수는 분수보다 수의 크기를 아주 쉽게 비교할 수 있을 뿐 아니라 계산을 빨리할 수 있다는 데 상대적으로 이점이 있지요. 또한 우리 일상생활에서 소수는 많이 활용되는데, 키나 몸무게, 야구선수들의 타율, 방어율, 주가지수 등은 대부분 분수가 아니라 소수로 되어있다는 것을 알 수 있습니다. 그러면 소수의 개념을 분수의 개념과 관련을 지어서 정리 및 복습하고, 초등학교 수학과정에서 소개된 소수가 중학교 수학과정에는 어떤 범위까지 발전되는지 간략히 정리해 보겠습니다.

(1) 소수 한 자릿수 : 0.1

1을 똑같이 10개의 칸으로 나눴을 때 그중의 한 개가 $\frac{1}{10}$입니다. 이것을 수로 0.1과 같다고 약속합니다. 0.1이 10개면 1입니다. 여기서 .(점)을 소수점이라고 하고, 0.1을 '영점 일'이라고 읽습니다.

보충설명 0.1을 그림으로 표현하면 아래와 같습니다. 전체 길이가 1인 색 테이프를 똑같이 10개로 나눌 때, 한 칸만큼의 길이가 0.1을 의미합니다. 이는 분수 $\dfrac{1}{10}$ 의 개념과 같습니다.

(그림 2-18)

0.5는 0.1이 5개인 수로 표현할 수 있습니다. 이를 그림으로 나타내면 아래와 같습니다(아래 그림에서 1을 똑같이 10개로 나뉘었으니 한 눈금의 길이는 0.1입니다).

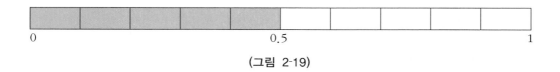

(그림 2-19)

이는 분수 $\dfrac{1}{10}$ 이 5개인 분수 $\dfrac{5}{10}$ 의 개념과 같습니다. 그러면 2.5는 어떻게 표현할 수 있을까요? 2.5와 같은 자연수가 있는 소수 한 자릿수를 표현하는 방법은 다양합니다.

① 2.5는 0.1이 25개 모인 수라고 말할 수 있습니다. 이를 그림으로 나타내면 다음과 같습니다.

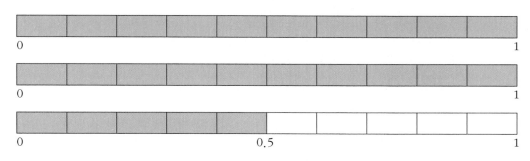

(그림 2-20)

이는 분수 $\frac{1}{10}$이 25개인 분수 $\frac{25}{10}$의 개념과 같습니다.

② 2보다 0.5만큼 더 큰 수입니다. 즉 '2 + 0.5'입니다.

(2) 소수 두 자릿수 : 0.01

0.01은 1을 똑같이 100개의 칸으로 나눴을 때, 그중의 한 개가 $\frac{1}{100}$입니다. 또는, 전체 길이가 0.1인 것을 똑같이 10개의 칸으로 나눴을 때, 그중의 한 개만큼의 길이가 $\frac{1}{100}$입니다. 이것을 수로 0.01과 같다고 약속합니다. 0.01을 읽을 때는 '영점 영일'이라고 읽습니다.

보충설명 0.01을 그림으로 표현하면 아래와 같습니다. 전체 길이가 0.1인 색 테이프를 똑같이 10개로 나눌 때, 한 칸만큼의 길이가 0.01을 의미합니다(단, 이 그림에서 전체 길이는 0.1임).

(그림 2-21)

0.01을 아래와 같은 그림으로 표현할 수도 있습니다. 가로의 길이와 세로의 길이가 1인 정사각형에서 가로와 세로를 똑같이 10으로 나누어 아래와 같이 바둑판 모양의 그림으로 나타냈을 때, 색칠된 부분만큼을 의미합니다.

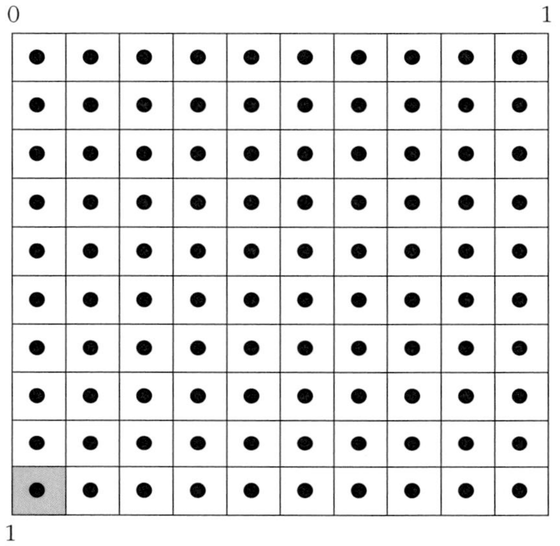

(그림 2-22)

그 이유는 가로의 길이가 1, 세로의 길이가 1인 정사각형을 똑같이 10으로 나누면, 가로의 길이가 0.1, 세로의 길이가 0.1인 작은 정사각형이 100개가 만들어지는데, 이 100개의 정사각형 중 작은 정사각형 한 개만큼이 0.01의 개념입니다.

0.01이 25개인 수는 $\dfrac{1}{100}$이 25개인 수이므로 $\dfrac{25}{100}$이고, 이는 소수로는 0.25입니다.

참고 소수는 필요할 경우, 오른쪽 끝자리에 0을 붙여 나타낼 수 있습니다.
4.2 = 4.20

(3) 소수 세 자릿수: 0.001

0.001은 1을 똑같이 1000개의 칸으로 나눴을 때, 그중의 한 개가 $\dfrac{1}{1000}$입니다. 또는 전체 길이가 0.01인 것을 똑같이 10개의 칸으로 나눴을 때 그중의 한 개가 $\dfrac{1}{1000}$입니다. 이것을 수로 0.001과 같다고 약속합니다. 이를 전체 천 개중 한 개의 값 $\dfrac{1}{1000}$과 같습니다. 읽을 때는 '영점 영영일'이라고 읽습니다.

보충설명 0.001을 그림으로 표현하면 아래와 같습니다. 전체 길이가 0.01인 색 테이프를 똑같이 10개로 나눌 때 한 칸만큼의 길이가 0.001을 의미합니다(단, 이 그림에서 전체 길이는 0.01임).

(그림 2-23)

0.001을 아래와 같이 표현할 수도 있습니다. 가로, 세로, 높이가 있는 주사위 모양의 정육면체를 가로, 세로, 높이를 10개씩 나누어 1000개의 작은 정육면체를 만들었을 때, 총 1000개 중 작은 1개의 정육면체만큼이 $\dfrac{1}{1000}$ 또는 0.001이라고 약속할 수 있습니다. 지면 관계상 그림은 생략하겠습니다.

0.225라는 소수 세 자릿수는 $\dfrac{225}{1000}$와 같고, $\dfrac{225}{1000}$는 $\dfrac{1}{1000}$이 225개이니, '0.001이 225개인 수입니다'라고 표현할 수 있습니다. $1\dfrac{225}{1000}$은 $\dfrac{1}{1000}$이 1025개인 수이므로 1.025와 같습니다.

2) 분수와 소수의 관계

- $0.1 = \dfrac{1}{10}$

- $0.01 = \dfrac{1}{100}$

- $0.001 = \dfrac{1}{1000}$

- $0.0001 = \dfrac{1}{10000}$

위와 관계를 보면, 소수 한 자리씩 늘어감에 따라서 분수의 분자에 있는 0의 개수가 1개씩 늘어남을 알 수 있습니다.

 1cm를 10개로 나눈 것 중의 한 개가 1mm, 즉, 1mm $= \dfrac{1}{10}$ cm $= 0.1$cm입니다.

3) 소수의 성질

소수의 성질을 복습하겠습니다.

(1) 어떤 소수의 10배, 100배, 1000배인 수(또는 10, 100, 1000을 곱했을 때) 처음의 소수점 자리에서 0의 개수만큼 어떤 소수의 소수점이 오른쪽으로 이동

(2) 어떤 소수의 $\dfrac{1}{10}$ 배, $\dfrac{1}{100}$ 배, $\dfrac{1}{100}$ 배인 수(또는 10, 100, 1000으로 나누었을 때) 처음의 소수점 자리에서 곱하는 소수의 소수점 아래 자릿수만큼 왼쪽으로 이동

(나누는 수의 0의 개수만큼 왼쪽으로 이동)

보충설명 0.82의 10배, 100배, 1000배인 수를 찾을 때는 규칙이 있습니다.

- 0.82의 10배는 8.2 ➡ 소수점이 오른쪽으로 한 칸 이동
- 0.82의 100배는 82 ➡ 소수점이 오른쪽으로 두 칸 이동
- 0.82의 1000배는 820 ➡ 소수점이 오른쪽으로 세 칸 이동

이 된다는 것을 알 수 있습니다. 그러면 어떤 소수에 10배, 100배, 1000배를 하면, '0의 개수만큼 소수점이 오른쪽으로 이동합니다'라는 규칙이 있다는 것을 알 수 있습니다.

마찬가지로, 225의 $\frac{1}{10}$, $\frac{1}{100}$, $\frac{1}{1000}$배인 수를 찾을 때도 규칙이 있습니다.

- 225의 $\frac{1}{10}$은 22.5 ➡ 소수점이 왼쪽으로 한 칸 이동

- 225의 $\frac{1}{100}$은 2.25 ➡ 소수점이 왼쪽으로 두 칸 이동

- 225의 $\frac{1}{1000}$은 ➡ 0.225 소수점이 왼쪽으로 세 칸 이동

이 된다는 것을 알 수 있습니다.

그러면 어떤 소수에 $\frac{1}{10}$, $\frac{1}{100}$, $\frac{1}{1000}$배인 수를 하면, '0의 개수만큼 소수점이 왼쪽으로 이동합니다'라는 규칙이 있다는 것을 알 수 있습니다(모든 자연수에는 소수점이 생략되어 있습니다. 소수의 계산에서는 소수점의 위치를 잘 찍어주면 됩니다).

예제 2-17. 어떤 소수의 $\dfrac{1}{10}$배는 0.052입니다. 어떤 소수의 100배는 얼마인가요?

풀이과정 1.

단계 ❶. 어떤 소수에 $\dfrac{1}{10}$배를 하면 어떤 소수의 소수점이 왼쪽으로 이동했더니 0.052이므로, 어떤 소수는 소수점이 거꾸로 오른쪽으로 한 개 이동한 0.52라는 것을 알 수 있습니다. 따라서 어떤 소수는 0.52입니다.

단계 ❷. 따라서 어떤 수의 100배는 $0.52 \times 100 = 52$입니다.

풀이과정 2.

등식의 성질을 배운 예비 중학생 경우,

단계 ❶. ( ) $\times \dfrac{1}{10} = 0.052$에서 양변에 10배를 하면,

( ) $= 0.052 \times 10 = 0.52$

단계 ❷. 따라서, ( ) $\times 100 = 0.52 \times 100 = 52$입니다.

유제 2-5 58의 $\dfrac{1}{10}$배인 수보다 0.2 큰 수는?

정답 6.0

예제 2-18. 0.001이 58개인 수는?

풀이과정

단계 ❶. 0.001은 $\dfrac{1}{1000}$ 이고, $\dfrac{1}{1000}$ 이 58개이니, $\dfrac{58}{1000}$ 입니다. $\dfrac{58}{1000}$ 을 다시 소수로 바꾸면, 0.058입니다.

단계 ❷. 0.001이 58인 수는 0.001×58이니, 0.001의 소수 셋째 자리의 1을 58로 바꿔줍니다. 이때 소수 셋째 자리의 1을 58의 일의 자릿수 8에 맞춰서 바꿔 적어줍니다. 그러면, 0.058이 정답입니다.

〈정리〉 수에 맞춰서 적어줍니다. 1을 58로 바꿈.

4) 소수의 크기 비교

(1) 자연수 부분부터 비교

$$2.46 > 1.528$$

자연수부터 비교하니, 소수점 아래가 어떻게 이루어지든 관계없이, 2 > 1이므로 2.46 > 1.528입니다.

> 소수점 아래에 무수히 많은 0을 붙일 수 있음.

(2) 소수 첫째 자리, 둘째 자리, 셋째 자리 순서로 비교

자연수 부분이 같으면, 소수 첫째 자리 부분부터 비교하여 2.149 < 2.23, 2.148 < 2.15입니다.

2-19. 7.2㎝인 끈과 4㎝ 2㎜ 끈을 이으려고 합니다. 겹치는 부분이 6 ㎜이면, 이은 끈의 길이는?

소수의 덧셈 및 뺄셈을 해결하면 7.2+4.2-0.6=11.4-0.6=10.8㎝

> **참고**
>
> 1mm = 0.1㎝

5) 소수의 덧셈과 뺄셈

소수의 덧셈과 뺄셈의 원리에 대해 간략히 정리하겠습니다.

(1) 소수 한 자릿수끼리 덧셈

예로 0.5+4.6을 계산하는 방법에는 그림원리를 통해 계산하는 법을 포함하여, 아래 방법이 있습니다. 그림원리 방법은 지면 관계상 설명은 생략하겠습니다.

 1.

• 0.1의 개수로 계산
0.5는 0.1이 5개인 수, 4.6은 0.1이 46개인 수, 따라서, 0.5 + 4.6은 0.1이 51개인 수이니 정답은 5.1입니다.

2.

- 세로형식으로 계산하기.

보통 익숙한 방법으로 아래와 같이 세로형식으로 자리를 맞춰서 계산하는 방법입니다. 먼저 소수점을 맞춰서 세로형식으로 0.5와 4.6을 적습니다.

$$\begin{array}{r} 0.5 \\ + \ 4.6 \\ \hline 5.1 \end{array}$$

같은 자리에 있는 숫자끼리 더하고, 자연수들의 덧셈처럼 계산합니다. 받아올림이 있는 경우는 받아올림을 생각하여 계산합니다. 계산 후에 소수점을 찍습니다.

(2) 소수 한 자릿수끼리 뺄셈

6.4 - 1.7을 계산하는 방법에는 덧셈과 똑같이 그림원리를 통해 계산하는 법을 포함하여 아래 방법이 있습니다.

 1.

- 0.1의 개수로 계산

6.4는 0.1이 64개인 수, 1.7은 0.1이 17개인 수, 따라서, 6.4 - 1.7은 0.1이 47개인 수이니 4.7이 정답입니다.

 2.

- 세로형식으로 계산하기

보통 익숙한 방법으로 아래와 같이 세로형식으로 자리를 맞춰서 계산하는 방법입니다. 먼저 소수점을 맞춰서 세로형식으로 6.4와 1.7을 적습니다. 세로형식으로 계산하기.

$$\begin{array}{r} 6.4 \\ - \ 1.7 \\ \hline 4.7 \end{array}$$

같은 자리에 놓인 숫자끼리 뺍니다. 자연수들의 뺄셈처럼 계산하되, 뺄 수 없을 때에는 받아내림을 하여 계산합니다. 계산한 후에 마지막으로 소수점을 맞춰서 찍습니다.

(3) 소수 두 자릿수끼리 덧셈

예로 5.42 + 4.79를 계산하는 방법에는 그림원리를 통해 계산하는 법을 포함하여, 아래 방법이 있습니다.

풀이과정 1.

- 0.01 개수로 계산

0.01이 소수 두 자릿수이니, 5.42는 0.01이 542개인 수, 4.79는 0.01이 479개인 수. 두 소수를 합치면, 0.01이 1021(= 542 + 479)인 수.

풀이과정 2.

- 세로형식으로 계산

소수점을 맞춰서 적습니다. 그 후, 자연수처럼 계산합니다. 같은 자리에 있는 숫자끼리 더하고, 자연수들의 덧셈처럼 계산합니다. 받아올림이 있는 경우는 받아올림을 생각하여 계산합니다. 계산 후에 소수점을 찍습니다.

$$\begin{array}{r} 5.42 \\ +\ 4.79 \\ \hline 10.21 \end{array}$$

정답 10.21

(4) 소수 두 자릿수끼리 뺄셈

10.71 - 5.89 = ?

풀이과정 1.

- 0.01 개수로 계산

0.01이 소수 두 자릿수이니, 10.71은 0.01이 1071개인 수, 5.89는 0.01이

589개인 수. 두 소수를 빼면, 0.01이 482(=1071-589)인 수이니 4.82가 정답입니다.

 2.

• 세로형식으로 계산

소수점을 맞춰서 적습니다. 그 후, 자연수처럼 계산합니다. 같은 자리에 있는 숫자끼리 빼고, 자연수들의 뺄셈처럼 계산합니다. 뺄 수 없을 때에는 받아내림을 하여 계산합니다. 계산한 후에 마지막으로 소수점을 맞춰서 찍습니다.

$$
\begin{array}{r}
10.71 \\
-5.89 \\
\hline
4.82
\end{array}
$$

소수점 아래 자릿수가 세 자릿수 이상인 경우 덧셈, 뺄셈은 어떻게 할까요? 소수점 아래 자릿수가 같은 소수의 덧셈과 뺄셈에 대해서는 소수점을 맞춰 세로형식으로 쓰면 편리합니다. 그러면 이에 대해서 아래와 같은 큰 틀로 정리해 보겠습니다.

소수점 아래 자릿수가 같은 소수의 덧셈

세로형식으로 계산할 때는,
① 소수점을 맞춰 적고 같은 자리에 놓인 숫자끼리 더합니다. 자연수들의 덧셈처럼 계산하되, 받아올림이 있는 경우는 받아올림을 생각하여 계산합니다.
② 계산한 후에 소수점을 맞춰서 찍습니다.

그러면, 소수점 아래 자릿수가 다른 경우 소수의 덧셈과 뺄셈은 어떻게 할까요?

이 질문의 답은 '소수점 아래 자릿수가 같게 만들어서 소수점 아래 자릿수가 같은 소수의 덧셈과 뺄셈의 방법을 사용하시오'입니다. 그러면, 소수점 아래 자릿수가 다른 경우 소수의 덧셈과 뺄셈에 대해 알아보겠습니다.

(5) 소수점 아래 자릿수가 다른 경우 소수의 덧셈

예로, 4.42 + 5.678을 계산할 때는 아래와 같은 방법을 통해 계산할 수 있습니다. 먼저 4.42의 소수점 아래 자릿수는 두 자리이고, 5.678의 소수점 아래 자릿수가 세 자릿수니, 4.42를 소수점 아래 자릿수를 세 자리로 만들어 줍니다(4.42 = 4.420). 이렇게 만들면, 두 소수의 소수점 아래 자릿수가 같게 되고, 소수점 아래 자릿수가 같은 경우 덧셈·뺄셈의 방식을 적용하면 됩니다(앞에서 소수는 필요할 경우, 오른쪽 끝자리에 0을 붙여 나타낼 수 있다고 설명했습니다). 사고력을 높이기 위해서 여러 가지 방법을 소개하겠습니다.

풀이과정 1.

- 0.001의 개수로 계산

4.420 ➡ 0.001이 4420개인 수

> 여기서 0.001이 442개인 수가 아니라 4420개인 수라는 점에 주의
>
> 5.678 ➡ 0.001이 5678개인 수
>
> 두 개를 더하니, 0.001이 10098개인 수가 되므로 10.098이 정답입니다.

풀이과정 2.

각 숫자가 나타내는 자릿값의 합으로 표현해 계산

4.42 = 4 + 0.4 + 0.02

5.678 = 5 + 0.6 + 0.07 + 0.008

그리고 덧셈. 9 + 1.0 + 0.09 + 0.008 = 10.098

풀이과정 3.

- 세로형식으로 계산

```
     4.42
 +   5.678
 ─────────
    10.098
```

(6) 소수점 아래 자릿수가 다른 경우 소수의 뺄셈

예로 6.42 - 5.586의 계산을 들겠습니다.

먼저 6.42의 소수점 아래 자릿수는 두 자리이고, 5.586의 소수점 아래 자릿수가 세 자릿수니, 6.42를 소수점 아래 자릿수를 세 자리로 만들어 줍니다(6.42 = 6.420). 이렇게 만들면, 두 소수의 소수점 아래 자릿수가 같게 되고, 소수점 아래 자릿수가 같은 경우 뺄셈의 방식을 적용하면 됩니다(앞에서, '소수는 필요할 경우, 오른쪽 끝자리에 0을 붙여 나타낼 수 있다'고 설명했습니다). 사고력을 높이기 위해서 여러 가지 방법을 소개하겠습니다.

풀이과정 1.

- 0.001의 개수로 계산

6.42 ➡ 0.001이 6420개인 수

5.586 ➡ 0.001이 5586개인 수

빼면, 0.001이 834(=6420-5586)개인 수이므로 0.834이 정답입니다.

풀이과정 2.

- 각 숫자가 나타내는 자릿값의 차이로 계산

6.42 = 6 + 0.4 + 0.020

5.586 = 5 + 0.5 + 0.08 + 0.006

빼면, 0.834

풀이과정 3.

- 세로형식으로 계산

$$\begin{array}{r} 6.420 \\ -\ 5.586 \\ \hline 0.834 \end{array}$$

소수점 아래 자릿수가 다른 소수의 덧셈과 뺄셈은 아래와 같이 정리할 수 있습니다.

- 소수점을 맞춰 세로형식으로 쓰고, 소수점 아래 자릿수를 같게 만들어줘서, 계산하면 편리합니다. 자연수들의 덧셈, 뺄셈처럼 계산하고 소수점을 맞춰 찍습니다.

(7) 소수점 찍을 때 실수하기 쉬운 예제 연습

아이들이 소수의 사칙연산을 할 때, 소수점을 찍는 데 실수를 하는 경우가 종종 있었습니다. 소수점 찍을 때 실수하기 쉬운 몇몇 예제들을 통해서 소수점을 찍는 연습해 보겠습니다.

예제 2-20. 3.46은 0.001이 몇 개인 수?

여기서 3.46은 0.001이 346인 수라고 잘못 쓰는 아이들도 종종 있습니다. 이 습관이 있는 아이들은 정확하게 답을 쓰려면 아래의 단계를 밟는 것이 좋습니다.

풀이과정 1.

1. 3.46은 소수점 아래 자릿수가 두 개이고, 0.001은 소수점 아래 자릿수가 세 개이므로, 먼저 두 소수의 **소수점 아래 자릿수를 같게 만드는 게** 실수를 줄이는 첫걸음입니다. 3.46을 3.460으로 소수점 아래 자릿수를 세 개로 만들어줍니다(앞에서, '소수는 필요할 경우, 오른쪽 끝자리에 0을 붙여 나타낼 수 있습니다'라고 설명했습니다).

2. 3.460은 0.001에 몇 배를 하면 얻을 수 있는지 가늠해봅니다. 0.001에 1000배를 하면 1, 3000배를 하면 3을 얻을 수 있으니, 0.001에 3460을 곱하면 3.460을 얻을 수 있다는 것을 알 수 있습니다. 따라서, 3.46은 0.001이 **3,460**인 수입니다.

풀이과정 2.

1. 먼저 0.001은 $\dfrac{1}{1000}$ 이라는 것을 알 수 있습니다.

2. 3.46의 자연수 부분은 3이니, 3.46은 $\dfrac{1}{1000}$ 이 3000 이상인 수라는 것을 알 수 있습니다(3000 나누기 1000 = 3 나누기 1 = 3이므로). 따라서, 자연수를 제외한 나머지 소수 첫째 자리, 둘째 자리의 수를 고려하면, $\dfrac{1}{1000}$ 이 3460인 수라는 것을 알 수 있습니다. $\dfrac{1}{1000}$ 은 0.001이니, 3.46은 0.001이 3460인 수입니다.

유제 2-6 5.555는 0.0001이 (　　)개인 수입니다.

풀이과정 1.

단계 ❶. 5.555은 소수점 아래 자릿수가 세 개이고, 0.0001은 소수점 아래 자릿수가 네 개이므로, 먼저 두 소수의 소수점 아래 자릿수를 같게 만듭니다. 5.555을 5.5550으로 소수점 아래 자릿수를 네 개로 만들어줍니다(앞에서, 소수는 필요할 경우, 오른쪽 끝자리에 0을 붙여 나타낼 수 있다고 설명했습니다).

단계 ❷. 5.5550은 0.0001을 몇 배를 하면 얻을 수 있는지 가늠해봅니다. 0.0001에 10000배를 하면 1, 50000배를 하면 5를 얻을 수 있으니, 0.0001에 55550을 곱하면 5.5550을 얻을 수 있다는 것을 알 수 있습니다. 따라서, 5.555는 0.0001이 55550인 수입니다.

풀이과정 2.

단계 ❶. 0.0001은 $\dfrac{1}{10000}$ 이라는 것을 알 수 있습니다.

단계 ❷. 5.555의 자연수 부분은 5이니, 5.555는 $\dfrac{1}{10000}$ 의 50000 이상인 수라는 것을 알 수 있습니다(50000 나누기 10000 = 5 나누기 1 = 5). 따라서 자연수를 제외한 나머지 소수 첫째, 둘째, 셋째 자릿수들을 고려하면, $\dfrac{1}{10000}$ 이 55550인 수라는 것을 알 수 있습니다. $\dfrac{1}{10000}$ 은 0.0001이니, 5.555는 0.0001이 55550인 수입니다.

예제 2-21. 42.254는 0.001이 (　　)개인 수이다.

풀이과정

42.254의 자연수 부분은 42이니, $\dfrac{1}{1000}$ 의 42000 이상의 수라는 것을 알 수 있습니다(42000 나누기 1000 = 42 나누기 1 = 42).

따라서 42.254는 0.001이 42254인 수입니다.

6) 소수의 곱셈

지금까지 소수의 덧셈과 뺄셈에 대해 설명하였고, 소수의 곱셈에 대해 설명하겠습니다. 소수의 곱셈은 아래와 같은 큰 틀로 계산하면 되겠습니다.

> **소수 곱하기 소수의 계산(소수의 곱셈)**
>
> **1. 세로형식으로 계산**
> 세로로 소수점의 자리를 잘 맞춰 씁니다. 자연수들의 곱셈과 같은 방법으로 계산합니다. 두 소수의 소수점 아래 자릿수의 합과 같게 곱의 소수점을 찍습니다.
> **2. 소수를 분수로 고쳐서 계산**

소수를 모두 분수로 고치면, 분수 곱하기 분수의 계산 형태가 되니,
표에서 공부한 분수 곱하기 분수의 틀에 맞추어서 곱셈 연산을 수행합니다.

예로 0.3×0.9의 계산을 다양한 방법으로 해보겠습니다.

 1.

먼저 자연수들의 곱셈과 같은 방법으로 $3 \times 9 = 27$을 얻습니다. 모든 자연수에는 소수점이 생략되어 있으므로 27은 '27.'으로 생각합니다.
두 소수의 소수점 뒤의 자릿수의 합은 1+1 = 2이니, 두 소수의 소수점 뒤의 자릿수의 합만큼, 27의 소수점이 왼쪽으로 이동합니다. 따라서 정답은 0.27이 됩니다.

 2.

• 세로형식으로 계산
세로로 소수점의 자리를 잘 맞춰 씁니다.

$$\begin{array}{r} 0.3 \\ \times\ 0.9 \\ \hline \end{array}$$

자연수들의 곱셈과 같은 방법으로 계산합니다.
$3 \times 9 = 27$
두 소수의 소수점 아래 자릿수의 합과 같게 27의 소수점이 왼쪽으로 이동합니다. 곱의 소수점을 찍습니다.

 3.

• 소수를 분수로 고쳐서 계산
$0.3 = \dfrac{3}{10}$, $0.9 = \dfrac{9}{10}$ 이니, $0.3 \times 0.9 = \dfrac{3}{10} \times \dfrac{9}{10} = \dfrac{27}{100} = 0.27$을 얻습니다.

정답 0.27

예제 2-22. $0.18 \times 0.4 = ?$

풀이과정 1.

18 × 4를 먼저 계산합니다. 72를 얻습니다.

0.18의 소수점 뒤 두 자릿수, 0.4의 소수점 뒤 한 자릿수가 있으니, 이 둘을 더하면 세 자릿수가 있습니다. 따라서 소수의 소수점 아래 자릿수의 합과 같게 72의 소수점이 왼쪽으로 이동합니다. 곱의 소수점을 찍습니다. 0.072가 정답입니다.

풀이과정 2.

$0.18 = \dfrac{18}{100}$, $0.4 = \dfrac{4}{10}$ 이니, 이 둘을 곱하면, $\dfrac{72}{1000}$ 이 되므로, 0.072가 정답입니다.

정답 0.072

유제 2-7 $0.09 \times 0.4 = 0.036$

유제 2-8 $4.6 \times 1.2 \times 6.1 = ?$

4.6 × 1.2를 먼저 계산합니다. 46 × 12 = 552이니, 앞의 설명 방법을 따르면, 5.52입니다. 그 후에 5.52 × 6.1을 계산합니다.

7) 소수의 나눗셈

소수 나누기 소수의 계산(소수의 나눗셈)에 대해 설명하겠습니다.

소수 나누기 소수의 계산(소수의 나눗셈)

1. 세로로 소수점의 자리를 잘 맞춰 쓰고, 자연수들의 나눗셈인 것처럼 생각하고 나눗셈 연산을 수행하고, 소수점만 잘 찍어주면 됩니다.
2. 나누는 소수와 나눠지는 소수를 모두 분수로 고치면, 분수 나누기 분수의 계산 형태가 되니, 앞에서 공부한 분수 나누기 분수의 틀에 맞추어서 나눗셈 연산을 수행합니다.

예제 2-23. $0.495 \div 1.5 = ?$

풀이과정 1.

$0.495 \div 1.5$에서 나누는 수를 자연수로 바꿉니다.

$4.95 \div 15$

$4.95 \div 15$의 연산을 수행합니다. 그 뒤로 세로형식으로 나눗셈 연산을 수행합니다.

풀이과정 2.

• 소수를 분수로 고쳐서 계산

$\dfrac{495}{1000} \div \dfrac{15}{10}$가 되니, 분수 나누기 분수의 틀이 되었습니다. 앞에서 분수 나누기 분수는 나누기를 곱하기로 바꾸고 역수를 취해서 계산하므로, $\dfrac{495}{1000} \times \dfrac{10}{15}$으로 계산합니다. 얻은 분수를 소수로 바꿉니다.

초등학교 6학년 때 배웠던 소수와 분수가 섞여 있는 경우의 혼합계산에 대해 복습해보겠습니다.

- 소수를 모두 분수로 고치거나, 분수를 모두 소수로 고쳐서 계산합니다.
- 사칙연산의 순서를 고려해서 계산합니다.
- 사칙연산을 수행하는 순서: (1) 괄호 (2) 곱셈, 나눗셈 (3) 덧셈, 뺄셈

예제 2-24. $0.36 \div 1\frac{1}{2} = ?$

풀이과정 1.

$0.36 \div 1.5$에서 나누는 수를 자연수로 바꿔줍니다. 그리고 세로형식으로 나눗셈 연산을 수행합니다.

$3.6 \div 15 = 0.24$

풀이과정 2.

소수를 분수로 바꾸고, 분수의 나눗셈 계산을 수행

$$\frac{36}{100} \div \frac{3}{2} = \frac{36}{100} \times \frac{2}{3} = \frac{24}{100}$$

나누기를 곱하기로, 분수의 곱셈에서 약분을 사용하여 정답을 얻습니다. 얻은 분수를 소수로 바꾸면 0.24가 나옵니다.

예제 2-25. $2 \times (8.3 - 5\frac{1}{2}) + 4.6 \div 2\frac{7}{8} = ?$

풀이과정

단계 ❶. 사칙연산에서 괄호를 먼저 계산합니다. $8.3 - 5\frac{1}{2}$

단계 ❷. 괄호 내의 분수와 소수가 같이 있으니 분수를 소수로 바꿔보겠습니다.

$8.3 - 5.5 = 2.8$

단계 ❸. 곱셈을 계산합니다.

$2 \times 2.8 = 5.6$

단계 ❹. $4.6 \div 2\frac{7}{8}$ 은 소수로 바꾸는 것보다 분수로 바꿔서 계산하는 것이 편해 보입니다.

단계 ❺. $\frac{46}{10} \div \frac{23}{8} = \frac{46}{10} \times \frac{8}{23} = \frac{16}{10} = 1.6$

따라서 정답은 $5.6 + 1.6 = 7.2$입니다.

05 / 수의 체계

지금까지 수를 표현하는 방식인 분수와 소수에 대해 정리 및 복습을 했습니다. 정리해 보면, 초등학교 수학과정에서는 '1, 2, 3, …'과 같은 수인 자연수, 그리고 0에 대해서 배웠고, 수를 표현하는 방식인 분수와 소수의 개념을 배웠습니다.

수에는 초등학교에서 배웠던 자연수(1, 2, 3, …), 0, 분수(소수)만 있을까요? 중학교 수학과정에서는 수에 대해 좀 더 넓게 배우게 됩니다. 이를 간단하게 소개해 보도록 하겠습니다. 예비 중학생들은 아래 내용을 외운다기보다 가벼운 마음으로 '이런 내용이 있겠구나'라고 생각하면서 읽으면 되겠습니다. 자세한 내용은 중학교 수학 교과과정에서 배우게 될 것입니다.

1) 부호가 있는 양의 정수, 음의 정수

초등학교 수학과정에서 등장한 자연수(自然數)는 '1, 2, 3, …'인데, 중학교 수학과정에서는 정수(整數)라는 용어가 소개됩니다. 정수는 초등학교 때 배워 잘 알고 있는 자연수를 모양만 바꾼 형태라고 생각하시면 되겠습니다. 예를 들어서 설명하겠습니다. 지선이는 사과가 2개 있습니다. 지선이 친구인 요원이가 지선이에게 사과를 3개 주었습니다. 그러면 지선이가 가지고 있는 사과의 수를 찾는 문제는 지선이가 가지고 있는 사과의 수(2개)에 요원이가 지선이에게 준 사과의 수(3개)만큼 더해주면 되겠지요. 즉 2 + 3 = 5입니다. 반대로, '지선이 동생 지호가 지선이로부터 사과 1개를 가져갔다면, 지선이가 가지고 있는 사과의 수를 찾으시오' 하는 문제는 지선이가 가지고 있는 사과의 수(2개)에서 - 1을 해서 1개가 되겠지요. 즉 2 - 1 = 1입니다.

이 예에서 '+, -'는 덧셈, 뺄셈을 나타내는 연산 기호인데, 이를 부호(符號, sign)라고 부릅니다. '+'를 양(陽)의 부호(plus sign), ' - '를 음(陰)의 부호(minus sign)라고 부릅니다. 이 부호들을 숫자 앞에 써서 숫자와 결합하여 사용하는 경우가 종종 있습니다. 이 예제는 +3은 사과를 3개 더해주라는 의미이고, -1은 사과 1개를 빼라는 의미가 됩니다. 이 '+'와 ' - '는 반대의 성질을 가진 수에 붙여서 사용합니다. 예로, 기온을 말할 때 영상, 영하를 사용하는데, 영상은 '+', 영하는 ' - '가 됩니다. 수입이 있으면 '+', 지출이 있으면 ' - '가 되겠지요.

그러면, 자연수 '1, 2, 3 …'에 부호가 있다면, 우리는 아래와 같은 수들을 얻게 됩니다.

> 자연수 앞에 양의 부호를 쓰는 경우: +1, +2, +3, …
> 자연수 앞에 음의 부호를 쓰는 경우: -1, -2, -3, …

위와 같은 수를 정수라고 부릅니다. 이 중에서 양의 부호가 붙어 있는 수를 양의 정수, 음의 부호가 붙어 있는 수를 음의 정수라고 부릅니다.

정수에는 그러면 양의 정수와 음의 정수만 있을까요? 우리는 초등학교 수학과정에서 0에 대해서도 배웠습니다. 예로, 지선이가 사과 2개를 가지고 있는데, 지호가 지선이로부터 사과 2개를 가지고 갔다면, 지선이가 가지고 있는 사과의 수는 0이 되겠지요. 이 예제에서 나오는 0도 정수라고 부릅니다. 그러면 아래와 같은 결과를 얻게 됩니다.

양의 정수: +1, +2, +3, …
정수: 0
음의 정수: -1, -2, -3, …

양의 정수는 자연수 앞에 양의 부호 +를 붙인 수, 음의 정수는 자연수 앞에 음의 부호 -를 붙인 수라고 할 수 있는데, 양의 정수의 + 부호는 생략할 수 있습니다. 즉, '+1, +2, +3, …'은 그냥 '1, 2, 3, …'로 써도 된다는 의미입니다. '1, 2, 3, …'은 초등학교 수학 때 배웠던 우리가 잘 알고 있는 자연수가 됩니다. 이 자연수가 양의 정수가 되는 것입니다. 0은 앞에 양의 부호를 붙이든, 음의 부호를 붙이든 0이므로 그냥 0이 됩니다. 0은 양의 정수도 아니고, 음의 정수도 아닌 정수입니다.

2) 유리수(有理數)

정수를 배우면 중학교 1학년 수학 교과서에서는 유리수가 등장합니다. 유리수는 정수의 연장선이라고 생각하시면 되겠습니다.

유리수는 분수 형태(즉, $\dfrac{\text{정수}}{\text{0이 아닌 정수}}$ 형태)로 나타낼 수 있는 수라고 약속합니다.

예를 들면, $\dfrac{2}{3}$, $\dfrac{2}{5}$, 10 등을 들 수 있습니다. 즉, 수의 모양을 분수 형태로 바꾸면

모두 유리수가 되는 것입니다. 그러면 정수인 2도 $\dfrac{2}{1}$, $\dfrac{4}{2}$ 등으로 바꿀 수 있으니

유리수이고, 정수가 아닌 소수인 0.2도 $\dfrac{2}{10}$로 바꿀 수 있으니 유리수가 되겠지요.

유리수는 그동안 배웠던 정수, 분수, 소수 등 우리가 봤던 모든 수들을 통 틀은 개념이라고 보시면 되겠습니다.

앞에서 설명했듯이, 정수가 부호에 따라서 양의 정수, 0, 음의 정수가 있는 것처럼 유리수에도 부호에 따라서 양의 유리수, 0, 음의 유리수로 구분할 수 있습니다.

> - 양의 유리수: + 부호가 있는 유리수; 1.2, +4, …
>
> 유리수   0
>
> - 음의 유리수: - 부호가 있는 유리수; $-\dfrac{1}{2}$, -5, …

양의 정수는 + 부호를 생략해서 쓰는 것처럼 양의 유리수도 + 부호를 생략해서 쓸 수 있습니다. 유리수를 또 다른 방법으로 구분하기도 합니다. 바로 정수와 정수가 아닌 유리수로 구분하기도 합니다.

유리수 $\begin{cases} \text{정수} \begin{cases} \text{양의 정수(자연수)} \\ 0 \\ \text{음의 정수} \end{cases} \\ \text{정수가 아닌 유리수} \end{cases}$

정수가 아닌 유리수에는 1.2, -5.9, $\dfrac{1}{2}$ 등을 들 수 있습니다.

3) 유리수의 세분화 : 유한(有限)소수와 순환소수

앞에서 유리수를 정수와 정수가 아닌 유리수로 나누었는데, 이를 조금 더 나누어 보겠습니다. 유리수는 분수로 나타낼 수 있는 수라고 했는데, 이를 소수로 나타내 보겠습니다.

$$\frac{1}{2} = 0.5$$

$$\frac{2}{3} = 0.66666666\cdots$$

$\dfrac{1}{2}$은 나누어떨어지지만, $\dfrac{2}{3}$는 나누어떨어지지 않고 소수점 아래 자릿수가 끝이 없이 나가는 소수입니다. 소수점 아래의 자릿수가 유한인 소수(0이 아닌 숫자가 유한 개인 소수)를 유한소수라고 부릅니다. 소수점 아래 자릿수가 끝이 없이 나가는 소수(0이 아닌 숫자가 무한히 계속되는 소수)를 무한소수라고 부릅니다.

참고로, 0.50000…은 유한소수입니다. 0이 계속 나가는 것은 소수점 아래 자릿수가 끝이 없이 나간다고 말하지 않습니다.

4) 실수(實數)

중학교 3학년 과정에서는 아래와 같은 수의 체계에 대해 배우게 됩니다.

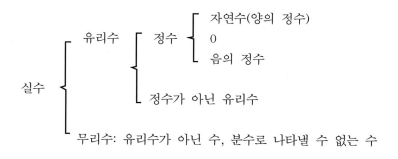

중학교 수학에 등장하는 모든 수는 실수에 속합니다. 앞에서, 유리수는 $\dfrac{\text{정수}}{\text{0이 아닌 정수}}$

로 나타낼 수 있는 수라고 약속했습니다. 예를 들면, $\frac{2}{3}$, $\frac{2}{5}$, 10 등을 들 수 있습니다.

그러나 분수 형태(즉, $\frac{정수}{0이\ 아닌\ 정수}$ 형태)로 나타낼 수 없는 수들, 즉 유리수가 아닌 수들이 있습니다. 예로 원의 원주율 즉 원의 지름에 대한 원의 둘레의 비율은 유리수가 아닙니다. 이는 '3.141592…'로 분수로 표현할 수 없습니다. 밑변의 길이가 1이고 높이가 1인 직각삼각형 빗변의 길이는 분수(즉, $\frac{정수}{0이\ 아닌\ 정수}$ 형태)로 나타낼 수 없습니다. 이는 '1.414214…'로 분수로 표현할 수 없습니다. 이 수들을 무리수(無理數)라고 부릅니다. 유리수와 무리수를 통틀어 실수라고 부릅니다. 중학교 수학과정에서 다루는 모든 수는 유리수와 무리수로 나타낼 수 있으며, 이 유리수와 무리수를 합쳐서 실수라고 합니다. 실수는 실제 수를 말하며, 실수는 유리수 또는 무리수로 구성되어 있고, 유리수와 무리수 외의 실수는 없습니다. 실수와 수직선 사이의 관계를 정리하면 아래와 같습니다.

실수와 수직선 사이의 관계

- 모든 실수는 각각 수직선 위의 한 점에 대응하고, 수직선 위의 한 점에는 한 실수가 반드시 대응합니다.
- 서로 다른 두 실수 사이에는 무수히 많은 실수가 있습니다.
- 수직선은 실수에 대응하는 점들로 완전히 메울 수 있습니다.

초등학교 수학과정에서는 수를 표현하는 한 가지 방법인 소수에 대해 간략히 배웠는데, 중학교 수학과정에서는 이에 대해 조금 더 자세히 배웁니다.

소수에는 크게 유한소수와 무한소수 두 가지로 구분합니다. 유한소수는 0.245처럼 소수점 아래 자릿수가 유한인 소수를 유한소수라고 합니다. 이 경우는 소수점 아래 자릿수가 3개로 유한합니다. 유한소수는 모두 분수로 고칠 수 있습니다. 따라서 유리수가 됩니다.

소수점 아래 자릿수가 끝이 없이 나가는 소수를 무한소수라고 합니다. 무한소수에는 '0.252525…'처럼 소수점 아래의 수가 2와 5가 규칙적으로 반복되는 순환소수와 원주율(3.141592…)처럼 순환하지 않는 무한소수가 있습니다. 순환소수는 순환마디로 요약해서 0.2̇5̇로 씁니다. 순환소수는 모두 분수로 고칠 수 있습니다. 따라서 유리수가 됩니다(이에 대해서는 아래 〈참고〉의 설명을 참조하면 되겠습니다). 순환하지 않는 무한소수는 분수로 고칠 수가 없고, 이는 무리수라고 부릅니다.

$$
\text{소수}
\begin{cases}
\text{유한소수} & \text{- 유리수} \\
\text{무한소수}
\begin{cases}
\text{순환소수} & \text{- 유리수} \\
\text{순환하지 않는 무한소수} & \text{- 무리수}
\end{cases}
\end{cases}
$$

중학교 수학과정에서는 실수 체계 내에서 수를 학습하고, 고등학교 수학과정에서는 실수뿐 아니라, 허수(虛數) 또는 복소수(複素數)라는 가상의 수까지 학습하게 됩니다. 허수는 제곱해서 음수가 되는 가상의 수로 이는 고등학교 과정 수학에서 다루어지기 때문에 이 책의 범위를 넘어가므로 설명을 생략하겠습니다. 참고로, 재미있는 사실은 분수와 소수의 역사적 등장 시기가 3,000년 이상 차이가 난다는 점입니다.

순환소수는 유리수

앞에서 설명했듯이, 순환소수는 모두 분수로 고칠 수 있으므로 유리수가 된다고 하였는데 이를 간략히 소개해 보겠습니다.

순환소수(循環小數)는 소수점 아래의 어떤 자리에서부터 일정한 숫자의 배열이 계속해서 되풀이되는 무한소수를 말합니다. 예로 '0.25252525…' 같은 소수를 들을 수 있겠습니다. 그런데, 순환소수를 쓰다 보니, 소수점 아래 자릿수가 무한히 끝이 없이 나가기 때문에 자리를 많이 차지하고 번거롭겠지요. 따라서, 이를 조금 간단히 나타내기 위해서 '순환마디'라는 용어를 사용하여 순환소수를 나타냅니다. 순환마디는 순환소수에서 일정하게 되풀이되는 부분을 말합니다. '0.252525…'의 순환마디는 25가 되겠습니다. 순환소수는 순환마디 양 끝에 있는 숫자들 위에 점을 찍어서 나타냅니다(어떤 수학책에서는 선을 그어서 나타내기도 합니다). 순환마디가 한 자리일 때는 점을 한 번만 찍습니다.

[예제] 2-26.

$0.252525\cdots = 0.\dot{2}\dot{5}$

$\dfrac{1}{3} = 0.333\cdots = 0.\dot{3}$

$\dfrac{1}{7} = 0.142857142857142857\cdots = 0.\dot{1}4285\dot{7}$

$\dfrac{1}{6} = 0.16666\cdots = 0.1\dot{6}$

순환소수를 분수로 고치는 법 예제

1) 소수점 아래 바로 순환마디가 오는 경우

( ) = 0.121212 …

위 등식의 양변에 100을 곱합니다.

$100 \times$ ( ) = 12.121212 …
      ( ) = 0.121212 …

위 식에서 아래 식을 빼면,

$99 \times$ ( ) = 12

( ) = $\dfrac{12}{99}$ = 기약분수가 되게 약분을 하면 $\dfrac{4}{33}$

2) 소수점 아래 바로 순환마디가 오지 않는 경우

( ) = 0.122222 …

위 등식의 양변에 10을 곱하고, 100을 곱하면 아래 두 식을 얻습니다.
$10 \times$ ( ) = 1.2222 …
$100 \times$ ( ) = 12.2222 …

두 번째 식에서 첫 번째 식을 빼면, 아래 식을 얻습니다.

$90 \times$ ( ) = 11, 따라서 ( ) = $\dfrac{11}{90}$

위와 같은 방법으로 모든 순환소수는 분수로 나타낼 수 있습니다. 따라서 순환소수는 유리수입니다. 순환소수를 분수로 나타내는 방법을 간략히 소개하였는데, 이에 대해 자세한 방법은 중학교 2학년 수학 시간에서 배울 것입니다. 자세한 내용은 생략하겠습니다.

06 비(比, ratio)와 비율(比率), 비와 비율 문제

비와 비율은 두 개 또는 그 이상을 비교할 때 쓰는 초등학교 수학에 자주 등장하는 중요한 개념 중의 하나입니다. 이 장에서는 이 비와 비율의 개념을 정리해 보겠습니다. 이 개념과 나눗셈과의 관련성도 정리해 보았습니다.
먼저 예제를 들어보겠습니다.

초등학교 수학 교과서에서 쓰는 표현들 중에서 아래의 표현들을 보며 비와 분수로 나타내시오.

• 2의 5에 대한 비
• 13에 대한 7의 비
• 21의 10에 대한 비
• 2와 8의 비

* '전체 학생 수에 대해 여학생 수의 비는 1:2입니다'를 분수로 나타내시오.

위 질문들에 대해 답을 쓰는 게 어렵거나 잊어먹은 아이들은 아래 내용을 복습하길 바랍니다. 초등학교 수학 교과서에서는 2의 5에 대한 비, 5에 대한 2의 비

등의 표현들이 종종 등장하는데, 이들 표현들은 '(　　)의'라는 단어에서 조사 '의' 앞에 있는 (　　)의 비가 궁금하다는 의미입니다. 이 예제들(2의 5에 대한 비, 5에 대한 2의 비)에서는 2의 비(비교량)가 궁금하다는 의미겠지요. 이 수가 비교하려는 양으로 우리가 관심을 가지고 있으므로 항상 앞에 씁니다. 그러면 어떤 것과 비교를 하게 되냐면, '(　　)에 대한'이라는 표현에서 (　　)의 숫자와 비교를 하겠다는 의미입니다. 그래서, '(　　)에 대한'의 표현에서 '(　　)에 대한' 앞에 있는 숫자(　　)를 기준량이라고 부릅니다. 그리고 2의 5에 대한 비, 5에 대한 2의 비라는 표현을 수학 기호로는 간단하게 2:5라고 표현합니다. 비교량인 2를 항상 앞에 쓰고 ':'라는 기호를 그다음에 쓰고, 마지막으로 기준량인 5를 씁니다. 초등학교 수학의 비에서 2와 8의 비는 2:8이라는 용어로 사용합니다. 그러면 용어와 기호 연습을 해보도록 하겠습니다.

[예제] 2-27. 아래 표현들을 기호로 쓰시오.

- 2의 5에 대한 비 ➡ 2:5

  비교량 = 2, 기준량 = 5

  : 기준량은 5이고 비교하려는 것(양)은 2입니다.

- 13에 대한 7의 비 ➡ 7:13
- 21의 10에 대한 비 ➡ 21:10

초등학교 수학에 소개된 비는 분수로도 표현할 수 있는데, 이때 기준량이 분모로 가고, 비교하고자 하는 양이 분자로 갑니다. 즉, 7:13은 $\dfrac{7}{13}$이 되겠습니다. 이 분수를 '비율'이라고 말합니다. 즉 비율은 $\dfrac{\text{비교하려는 양}}{\text{기준량}}$이 되겠습니다. 이것이 앞에서 설명했던 분수의 세 번째 의미인 비율입니다.

예제 2-28. 비를 분수(비율)로 표현하시오.

2:5 ➡ $\dfrac{2}{5}$

21:10 ➡ $\dfrac{21}{10}$

예제 2-29. 전체 학생 수에 대한 남학생 수의 비가 $\dfrac{1}{2}$ 이다. 이를 식으로 표현해 보시오.

풀이과정

남학생 수는 비교하려는 양, 전체 학생 수는 기준이 되는 양으로 기준량이 분모로 가고, 비교하고자 하는 양이 분자로 갑니다. 따라서, 정답은

$$\frac{(남학생\ 수)}{(전체\ 학생\ 수)} = \frac{1}{2}$$

정답 $\dfrac{(남학생\ 수)}{(전체\ 학생\ 수)} = \dfrac{1}{2}$

예제 2-30. 사각형 넓이 55, 삼각형 넓이 250이면, 사각형 넓이에 대한 삼각형 넓이의 비율은?

풀이과정

사각형 넓이에 대한 삼각형 넓이의 비율이라고 했으니, 삼각형 넓이가 비교량이고 사각형 넓이는 기준량입니다. 따라서, $25:55 = \dfrac{5}{11}$ 입니다.

정답 $25:55 = \dfrac{5}{11}$

연비라는 용어를 정리하겠습니다. 연비는 한자어로 연속되는 비라고 생각하면 되겠습니다.

연비(連比, continued ratio)

• 몇 가지 이상(셋 이상)의 비를 연비라고 합니다.

예제 2-31. '가'의 넓이 : '다'의 넓이 = 2:1이고, '나'의 넓이 : '다'의 넓이 = 5:3일 때, '가'의 넓이 : '나'의 넓이 : '다'의 넓이를 쓰시오.

'가'의 넓이 : '나'의 넓이 : '다'의 넓이

2   1

5   3

• '가'의 넓이 : '다'의 넓이 = 2:1 = 6:3입니다.
• '나'의 넓이 : '다'의 넓이 = 5:3입니다.

따라서, '가'의 넓이 : '나'의 넓이 : '다'의 넓이 = 6:5:3입니다.

팬파이프 문제는 초등학교 6학년 수학 교과과정에서 항상 등장하는 문제인데, 이를 비례식과 관련하여 정리해 보겠습니다.

예제 2-32. 팬파이프는 관의 길이에 따라 음이 달라지며, '도' 관의 길이를 8cm로 했을 때, 각 관의 길이는 다음과 같습니다.

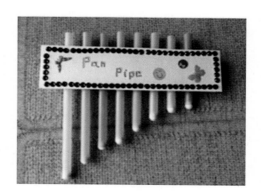

팬파이프의 음의 높이에 따른 길이의 비율은 아래와 같습니다. 파 관의 미 관에 대한 길이의 비율은?

계이름	도	레	미	파	솔	라	시	높은 도
관의 길이	8cm	7.1cm	6.4cm	6.0cm	5.3cm	4.8cm	4.3cm	4.0cm

'미' 관의 '도' 관에 대한 길이의 비율은 $\dfrac{6.4}{8} = \dfrac{4}{5}$ 입니다.

'파' 관의 '도' 관에 대한 길이의 비율은 $\dfrac{6}{8} = \dfrac{3}{4}$ 입니다.

'도' 관의 길이를 1이라 하면, '미' 관의 길이는 $\dfrac{4}{5}$, '파' 관의 길이는 $\dfrac{3}{4}$ 입니다. 따라서 '파' 관의 '미' 관에 대한 길이의 비율은 앞에 나왔던 비의 약속에 의해서, $\dfrac{3}{4} : \dfrac{4}{5}$ 입니다.

이 비를 분수로 나타내면 아래와 같습니다.

$$\dfrac{3}{4} \div \dfrac{4}{5} = \dfrac{3}{4} \times \dfrac{5}{4} = \dfrac{15}{16}$$ 입니다.

백분율(百分率)과 퍼센트(percentage, percent)의 개념

- 기준량을 100으로 봤을 때, 비교하려는 양의 비율을 백분율이라고 하고, 기호 %로 나타내고 퍼센트라고 읽습니다.

예를 들어, $\dfrac{75}{100}$라는 분수는 퍼센트로는 75%라고 합니다. 25%는 전체를 100으로 봤을 때 25만큼이라는 비율을 의미합니다.

비율은 소수로 표시할 수 있습니다.

예 $\dfrac{75}{100} = 0.75,\ 25\% = 0.25$

0.333 = 3할 3푼 3리, 0.297 = 2할 9푼 7리라고도 표시할 수 있습니다.
- 비율을 소수로 표시

0.613 = 6할 1푼 3리, $\dfrac{72}{100} = 7$할 2푼

비례식의 의미

- 비가 같은 수를 등식으로 나타낸 식을 비례식이라고 합니다.

예제 2-33. 가로와 세로의 비가 3 : 4인 책상을 만들려고 합니다. 3 : 4를 분수로 표현하면 $\dfrac{3}{4}$이 됩니다. 책상의 가로의 길이를 12미터(m)로 하면, 세로의 길이는 16미터(m)가 됩니다. 그러면, 만든 책상의 가로의 길이와 세로의 길이의 비율 $= 12 : 16 = \dfrac{12}{16} = \dfrac{3}{4}$이 됩니다. 따라서, 3 : 4 = 12 : 16이라는 등식을 얻을 수 있는데, 이것을 (   )이라고 합니다.

(   ) 안에 알맞는 용어를 써 봅시다.

정답 비례식

> **비례식 관련 용어 : 내항(內項), 외항(外項)**
>
> • 비례식에서 바깥쪽에 있는 두 항을 외항이라고 하고, 안쪽에 있는 두 항을 내항이라고 합니다.

위 예제 2-33에서 3:4 = 12:16이라는 비례식을 얻을 수 있는데, 비례식에서 바깥쪽에 있는 두 항인 3과 16을 외항이라고 하고, 안쪽에 있는 두 항인 4와 12를 내항이라고 합니다.

예제 2-34. 아래 비례식에서 내항과 외항을 쓰시오.

1) 2:5 = 10:25
   내항 = 5, 10, 외항 = 2, 25
2) 4:5 = 12:15
   내항 = 5, 12, 외항 4, 15

비례식에는 중요 성질이 있는데 이는 아래와 같습니다.

> **비례식의 성질**
>
> • 비례식에서 내항의 곱과 외항의 곱은 같습니다.

보충설명 위 식은 중·고등수학에도 유용하게 사용되는 성질이니 숙지하시길 바랍니다. 위 예제 3:4 = 12:16에서는 외항의 곱은 3×16이고, 내항의 곱은 12×4이므로, 이 성질을 쓰면, 아래 식을 얻습니다.

$3 \times 16 = 12 \times 4$

그러면 이 성질을 그냥 외우기보다 이 성질이 어떻게 나왔는지, 그리고 그 원리는 무엇인지 살펴볼 필요가 있습니다. 이 성질의 원리를 앞의 예제를 활용하여 설명하겠습니다. 3:4 = 12:16이라는 비례식에서 3:4를 분수로 바꾸면 $\frac{3}{4}$이고, 12:16을 분수로 바꾸면 $\frac{12}{16}$가 됩니다. 즉 $\frac{3}{4} = \frac{12}{16}$를 얻을 수 있는데, 앞에서 설명한 등식의 성질을 이용하여, 등식의 양변에 두 분모의 숫자들(4와 16)을 곱해보겠습니다. 그러면 아래와 같은 식을 얻을 수 있습니다.

$$\frac{3}{4} \times 4 \times 16 = \frac{12}{16} \times 4 \times 16$$

이 식을 간단히 하면,

$$3 \times 16 = 12 \times 4$$

를 얻을 수 있습니다.

여기서 3과 16은 비례식의 외항이고, 12와 4는 비례식의 내항이므로 외항의 곱은 내항의 곱과 같게 됩니다. 즉, 비례식을 분수로 표현한 후에 등식의 성질을 이용하여 양변에 두 분모의 숫자들(4와 16)을 곱한 것(4 × 16)을 등식의 양변에 곱하면 식이 얻어지는데, 이 식이 바로 비례식의 중요한 성질인 '외항의 곱 = 내항의 곱'이 되겠습니다. 이것이 바로 비례식의 성질입니다. 이 성질은 모든 비례식에 성립하는 유용한 성질입니다.

예제 2-35. 마름모 가와 삼각형 나가 겹쳐져 있습니다. 겹쳐진 부분의 넓이는 가의 $\frac{1}{4}$이고, 나의 $\frac{5}{7}$입니다. 가와 나의 넓이의 비를 가장 간단한 자연수의 비로 나타내시오.

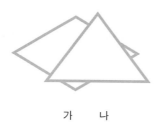

가　　나

풀이과정

단계 ❶. 분수의 개념 중에서 전체의 분수만큼의 개념이 나왔으니, 문제에 주어진 정보를, 2장 분수의 두 번째 개념 설명을 활용하여 수식으로 쓰면 아래와 같습니다.

가의 넓이 $\times \frac{1}{4} =$ 나의 넓이 $\times \frac{5}{7}$

단계 ❷. 단계 1에서 얻은 식을 비례식 또는 등식으로 나타냅니다.

가의 넓이 $\times \frac{1}{4} =$ 나의 넓이 $\times \frac{5}{7}$

➡ 가의 넓이 : 나의 넓이 $= \frac{5}{7} : \frac{1}{4}$

단계 ❸. 단계 2에서 얻은 $\frac{5}{7} : \frac{1}{4}$을 가장 간단한 자연수의 비로 나타냅니다. 분수를 통분하면, $\frac{20}{28} : \frac{7}{28}$을 얻고, 따라서 28을 곱하면, 가장 간단한 자연수의 비로 나타낼 수 있습니다.

가 : 나 $= \frac{5}{7} : \frac{1}{4} = 20 : 7$

정답 20:7

예제 2-36. 아래 전체에 대해서 색칠한 부분의 비율을 백분율로 나타내시오.

풀이과정

• 색칠한 부분: 비교하려는 양, 전체: 기준량

따라서 이를 비율로 나타내면 $\dfrac{20}{25}$이 됩니다.

이를 백분율로 나타내면, $\dfrac{80}{100}$ 이므로 80%입니다.

비례배분(比例配分)

• 비로 배분하는 것을 비례배분이라 합니다.

예제 2-37. 지선이와 지호는 연필 30개를 3:2로 나누어 가지려고 합니다. 이 때 지선이와 지호가 가질 연필의 수는?

풀이과정

지선이와 지호가 3:2로 나누어 가진다는 의미는 전체가 5일 때, 지선이는 3을 가져가고, 지호는 2를 가져간다는 의미입니다. 따라서 지선이는 연필 30개 중 $\dfrac{3}{5}$만큼을, 지호는 연필 30개 중 $\dfrac{2}{5}$만큼을 가져가니, '지선이는

$30 \times \dfrac{3}{5} = 18$자루를 가지고, 지호는 $30 \times \dfrac{2}{5} = 12$자루를 가진다'가 정답입니다.

07 정비례(正比例), 반비례(反比例)

정비례, 반비례의 개념은 초등학교 수학에 등장했던 중요 개념인데, 2017년도부터는 초등학교 수학 교과서에서 사라지고, 중학교 수학으로 올라갔습니다. 이 정비례, 반비례 개념은 위에서 설명한 비와 비율의 개념과 직접적으로 연관되어 활용되는 중요한 개념으로 여기서 간략히 정리 및 설명해 드리겠습니다.

1) 정비례(正比例)의 개념

정비례(正比例)는 바르게 비례한다는 의미입니다. 정(正)은 한자어로 '바를 정' 자입니다. 문제에서 두 개의 변하는 양(또는 수)이 주어집니다. 한 개의 양이 늘어날 때, 나머지 양도 같이 늘어나면, 이 두 개의 양은 '비례합니다'라고 말을 합니다. 조금 더 정확히 약속하면, "한 개의 양이 2배, 3배, 4배, …로 늘어나면, 다른 양도 똑같이 2배, 3배, 4배, …로 늘어나는 관계가 있으면, 두 양은 '정비례'합니다." 라고 약속합니다.

예제 2-38. 과일가게에서 사과 봉지에 사과를 5개씩 넣어서 팔고 있습니다. 사과 봉지 수에 따라서 봉지들에 들어 있는 사과의 총 개수가 변하는 것을 표로 나타내 보겠습니다. 사과 봉지 수를 x라 두고, 사과의 수를 y라고 두겠습니다. 그러면 x와 y는 변하는 수들이 되겠지요.

사과 봉지 수 x(봉지)	1	2	3	4	5	···
사과의 수 y(개)	5	10	15	20	25	···

보충설명 위 표를 보면 알 수 있듯이, 사과 봉지 수 x가 늘어나면, 사과의 수 y도 늘어납니다. 그리고 사과 봉지 수가 1개에서 2개로 2배가 되면, 사과의 수도 5에서 10으로 2배가 됩니다. 사과 봉지 수가 1개에서 3개로 3배가 되면, 사과의 수도 5에서 15로 3배가 됩니다.

이처럼 사과 봉지 수가 2배, 3배, 4배로 늘어나면, 사과 수도 똑같이 2배, 3배, 4배로 늘어나는 관계가 있음을 알 수 있습니다. 그러면 이 예제에서, '사과 봉지 수와 사과 수는 정비례합니다'라고 말을 합니다. 두 개의 변하는 양 x와 y가 정비례할 때, $y = a \times x$와 같이 나타낼 수 있습니다. 이때 a를 비례상수라고 합니다. 이 식은 굉장히 유용하게 활용되니, 숙지하시면 되겠습니다.

문제에서 두 개의 변하는 양 사이에 정비례 관계가 성립되는지 알게 되면 무조건 $y = a \times x$의 관계가 성립한다고 생각하시면 되겠습니다. 그러면, 비례상수 a는 어떻게 찾지요? 라는 질문을 하게 되는데, 이는 문제에서 주어진 특정한 x값과 그 x에 대응되는 y값을 $y = a \times x$에 대입하면 찾을 수 있습니다. 이 예제에서는 x가 1일 때, $y = 5$였으니, 이를 $y = a \times x$에 대입을 하면 $5 = a \times 1$, 따라서 $a = 5$입니다. 그러므로 이 예제에서는 $y = 5 \times x$입니다.

예제 2-39. 같은 시각에 햇빛에 의해 생긴 물체의 그림자의 길이는 물체의 길이에 정비례합니다. 길이가 60㎝인 막대기를 바닥에 똑바로 세우고 막대기 그림자 길이를 재보니, 5㎝입니다. 같은 시각에 나무 그림자의 길이가 30㎝일 때, 나무 높이는?

풀이과정

단계 ❶. 같은 시각에 길이가 x㎝인 물체의 길이를 y㎝라고 놓습니다. y와 x는 정비례하므로, $y = a \times x$의 관계가 성립합니다. $x = 60$㎝일 때, $y = 5$㎝이므로, a값을 구하면, $\dfrac{1}{12}$라는 것을 알 수 있습니다.

단계 ❷. 따라서, $y = \dfrac{1}{12} \times x$를 얻습니다. $y = 30$이면 이때의 x를 구하면 $x = 360$을 얻습니다. 따라서 나무의 높이는 360㎝입니다.

2) 반비례(反比例)의 개념

반비례는 반대로 비례한다는 의미입니다. 문제에서 두 개의 변하는 양이 주어집니다. 한 개의 양이 늘어날 때, 나머지 양이 줄어들면, '이 두 개의 양은 반비례합니다'라고 말을 합니다. 조금 정확히 약속하면, "한 개의 양이 2배, 3배, 4배, …로 늘어나면, 다른 양은 $\dfrac{1}{2}$배, $\dfrac{1}{3}$배, $\dfrac{1}{4}$배로 줄어드는 관계가 있으면, 두 양은 반비례합니다." 라고 약속합니다.

예제 2-40. 할머니의 생신 선물을 사기 위해 40,000원을 모으려고 합니다. 매일 저축하는 금액을 x, 기간을 y라고 할 때, x와 y의 관계식을 쓰시오.

풀이과정

처음부터 식을 쓰지 말고 먼저 표로 나타내는 게 좋습니다.

저축금액 x(원)	100	200	400	500	1,000	10,000	20,000	40,000
기간 y(일)	400	200	100	80	40	4	2	1

위 표를 보면 알 수 있듯이, 저축금액 x가 늘어나면, 기간 y는 줄어듭니다. 그리고, 저축금액 x가 100원에서 200원으로 2배가 되면, 기간 y는 400일에서 200일로 $\frac{1}{2}$배가 됩니다. 저축금액 x가 400원으로 4배가 되면 기간 y는 400일에서 100일로 $\frac{1}{4}$배가 됩니다.

이처럼 저축금액이 2배, 3배, 4배로 늘어나면, 기간이 $\frac{1}{2}$배, $\frac{1}{3}$배, $\frac{1}{4}$배로 줄어드는 관계가 있음을 알 수 있습니다. 그러면, 이 예제에서 '저축금액과 기간은 반비례합니다'라고 말을 합니다.

보충설명 두 개의 변하는 양 x와 y가 반비례할 때, $y \times x = a$와 같이 나타낼 수 있습니다. 이때 a를 비례상수라고 합니다. 이 식도 굉장히 유용하게 활용되니, 숙지하시면 되겠습니다.

문제에서 두 개의 변하는 양 사이에 반비례 관계가 성립되면, 무조건 '$y \times x = a$의 관계가 성립함'이라고 생각하시면 되겠습니다. 그러면, 비례상수 a는 어떻게 찾지요? 라는 질문을 하게 되는데, 이는 문제에서 주어진 특정한 x값과 그 x에 대응되는

y값을 $y \times x = a$에 대입하면 찾을 수 있습니다. 아래 예제를 통해 문제를 풀어보겠습니다. 이 예제에서는 $x = 100$일 때, y는 400이었으니, 이를 $y \times x = a$에 대입을 하면 $40000 = a \times 1$. 따라서 $a = 40,000$입니다. 따라서 이 예제에서는 $y \times x = 40,000$입니다.

정답 $y \times x = 40,000$

예제 2-41. 넓이가 12㎠인 직사각형이 있습니다. 가로가 6㎝일 때, 세로는 몇 ㎝인지 찾으시오.

단계 ❶. x와 y의 관계식이 정비례인지 반비례인지 정답을 쓸 때, 꼼꼼히 따져보지 않고, 바로 식을 써서 틀리는 아이들이 종종 있습니다. 이 습관이 있는 아이들은, 처음부터 식을 쓰지 말고 먼저 표로 나타내는 게 좋습니다.

세로 x (㎝)	1	2	3	4	6	12	…
가로 y (㎝)	12	6	4	3	2	1	…

위 표를 보면 알 수 있듯이, 세로의 길이 x가 늘어나면, 가로의 길이 y는 줄어듭니다. 그리고, 세로의 길이 x가 1에서 2로 2배가 되면, 가로의 길이 y는 12에서 6으로 $\frac{1}{2}$배가 됩니다. 세로의 길이가 1에서 3으로 3배가 되면 가로의 길이는 12에서 4로 $\frac{1}{3}$배가 됩니다. 따라서, 이 예제에서 가로의 길이와 세로의 길이는 반비례합니다.

단계 ❷. 따라서,

$y \times x = a$

가로, 세로

$x = 1$일 때, $y = 12$이므로, 비례상수 $a = 12$입니다. 따라서,

$$y \times x = 12$$

단계 ❸. 위 식을 이용하여, $x = 6$일 때, y값을 찾습니다.

$6 \times y = 12$, $y \times 2$, 세로는 2cm

정답 세로는 2cm

예제 2-42. 휘발유 4리터(l)로 54km를 가는 자동차가 있습니다. 이 자동차가 사용한 휘발유의 양을 x(l), 이동한 거리를 y(km)라고 할 때, x와 y의 대응관계를 식으로 나타내고, 자동차가 135km를 갔다면 사용한 휘발유는 몇 리터(l)인지 찾으시오.

단계 ❶. 휘발유 4리터(ℓ)로 54km를 가므로, 1리터(ℓ)로는 $\dfrac{54}{4}$ = 13.5km를 갑니다. 표로 정리해 보겠습니다.

휘발유량 $x(\ell)$	1	2	4	8	⋯
이동 거리 y(km)	13.5	27	54	108	⋯

위 표를 보면 알 수 있듯이, 휘발유량 x가 늘어나면, 이동 거리 y는 늘어납니다. 그리고, 휘발유량 x가 1에서 2로 2배가 되면, 이동 거리 y는 13.5에서 27로 2배가 됩니다. 휘발유량이 4로 4배가 되면 이동 거리는 13.5에서 54로 4배가 됩니다. 따라서 이 예제에서, 휘발유량과 이동 거리는 정비례합니다.

단계 ❷. y와 x는 정비례하므로, $y = a \times x$의 관계가 성립합니다. $x = 4$리터(ℓ)일 때, $y = 54$km이므로, a값을 구하면, 13.5라는 것을 알 수 있습니다. $y = 13.5 \times x$

단계 ❸. $y = 13.5 \times x$ 식을 사용하여, $y = 135$km일 때, 대응되는 x값을 찾습니다.

정답 10리터(ℓ) 즉, 10리터(ℓ)가 필요합니다.

예제 2-43. 시계가 3시를 가리키고 있습니다. 긴 바늘이 움직인 시간을 x(분), 긴 바늘이 움직인 각도를 $y(°)$라 할 때, y, x의 관계를 식으로 나타내고, 긴 바늘이 $150°$를 움직였다면 몇 분이 지난 것인지 찾으시오.

단계 ❶. 표를 이용하여 아래의 관계식을 얻습니다.

움직인 시간 x(분)	5	10	15	20	⋯
움직인 각도 $y(°)$	30	60	90	120	⋯

위 표를 보면 알 수 있듯이, 움직인 시간 x가 늘어나면, 움직인 각도 y도 늘어납니다. 그리고 움직인 시간 x가 5에서 10으로 2배가 되면, 움직인 각도 y도 $30°$에서 $60°$로 2배가 됩니다. 움직인 시간이 15로 3배가 되면 이동 거리도 $30°$에서 $90°$로 3배가 됩니다. 따라서 이 예제에서, 긴 바늘이 움직인 시간과 긴 바늘이 움직인 각도는 정비례합니다.

단계 ❷. y와 x는 정비례하므로, $y = a \times x$의 관계가 성립합니다. $x = 5$분일 때, $y = 30$이므로, a값을 구하면, 6이라는 것을 알 수 있습니다.

$y = 6 \times x$

1분 동안 긴 바늘이 움직인 각도는 $\dfrac{360도}{60분} = 6(°/분)$이므로, $y = 6 \times x$를 바로 얻을 수 있습니다. 따라서 아래 관계식을 얻습니다.

긴 바늘이 움직인 각도 = 1분 동안 긴 바늘이 움직인 각도 × 긴 바늘이 움직인 시간

$y = 1$분 동안 긴 바늘이 움직인 각도 $\times x$

이 식은 짧은 바늘의 위치와 관계없이 성립하는 식입니다.

단계 ❸. $y = 150$을 대입하면, $150 = 6 \times x$, $x = 25$

따라서 긴 바늘이 $150°$ 움직였다면, 25분이 지났다는 의미입니다.

3) 정비례도 반비례도 아닌 두 수 사이의 대응관계

지금까지 정비례와 반비례의 개념에 대해 설명했는데, 두 변수들의 관계는 정비례의 관계와 반비례의 관계만 있을까요? 정비례도 반비례도 아닌 두 수 사이의 대응관계도 있습니다. 예를 들면, $y = x + a$(a는 상수) 같은 관계는 정비례도, 반비례도 아닌 관계입니다. 예를 들면 아래와 같습니다.

예제 2-44. 지선이는 500원짜리 연필 한 자루와 200원짜리 지우개를 몇 개 샀습니다. 산 지우개의 수를 x, 내야 할 돈을 y라고 할 때, x와 y의 대응관계를 식으로 나타내시오.

지우개 수	1	2	3	4	5	…
내야 할 돈(원)	700	900	1100	1,300	1,500	…

위 표를 보면 알 수 있듯이, 지우개 수 x가 늘어나면, 내야 할 돈 y도 늘어 납니다. 그러나 x, y는 정비례 관계라고 말하지 않습니다. 그 이유는 지우 개 수가 1개에서 2개로 2배가 되면, 내야 할 돈은 700원에서 900원으로 늘 어나지만, 정확히 2배가 되지 않기 때문입니다. 그러면, y와 x는 어떤 관계 를 맺을까요? 문제에서 500원짜리 연필 한 자루는 샀으니, 지우개 개수와 관계없이 내야 할 돈에 기본적으로 포함되고, 지우개 수가 1개씩 늘어날 때 마다 200원씩 늘어나므로, 아래와 같은 식을 얻을 수 있습니다.

y = 500(지우개 개수와 관계없이 기본적으로 내야 할 돈) + 200 × x(지우개 개수에 따라서 늘어나는 돈)

08 약수(約數, divisor) 배수(倍數, multiple) 문제

약수, 배수 문제는 초등학교 수학과정뿐 아니라, 중학교 수학과정에서도 항상 등장 하는 중요 개념 중 하나입니다. 이 장에서는 초등학교 수학과정에서 다루었던 약수 와 배수의 개념을 정리하고, 이들 개념과 나눗셈, 곱셈과의 관련성을 간략히 설명하 며, 이 개념들이 중학교 수학에는 어떻게 발전되는지 제시하겠습니다.

먼저 약수(約數, divisor)라는 단어에서 '약(約)'이라는 단어는 '나누다'라는 의미가 있는 한자입니다. 따라서, 약수는 초등학교 3학년 교과서에 있는 나눗셈과 밀접하게 관련이 있는 용어겠구나 생각하시면 되겠습니다. 우리나라 수학책을 만든 분들이

상당수의 수학 용어들을 한자어로 만들거나 번역했기 때문에, 처음에 이 용어를 접하는 아이들은 용어에 생소할 수 있는데, 이 용어들을 의미 파악 없이 외우는 것보다, 각각의 용어가 어떤 의미가 있는지 먼저 파악하는 것이 필요합니다.

1) 약수(約數, divisor)의 개념

어떤 수를 나누어떨어지게 하는 수, 또는 어떤 수를 나누었을 때 나머지가 0인 수를 그 수의 '약수'라고 합니다.

보충설명 그러면 약수라는 용어의 약속을 나눗셈과 관련지어서 아래 예제를 통해 알아보겠습니다.

예제 2-45. 6개의 사과를 봉지에 넣어 나누려고 합니다. 각각의 봉지에 같은 수의 사과를 넣되, 봉지에 못 넣고 남는 사과가 없도록 나누려고 합니다. 어떤 방법이 있을까요?

풀이과정 1.

초등 3학년 교과서에 있는 나눗셈의 개념을 알고 있는 아이들은,
• $6 \div 1 = 6$
6개의 사과를 1봉지에 넣으면, 그 한 봉지 내에 있는 사과의 수는 6개입니다.

 2.

- $6 \div 2 = 3$

6개의 사과를 2봉지에 똑같이 나누어 넣으면, 각각의 봉지에 있는 사과의 수는 똑같이 3개입니다.

3.

- $6 \div 3 = 2$

6개의 사과를 3봉지에 똑같이 나누어 넣으면, 각각의 봉지에 있는 사과의 수는 똑같이 2개입니다.

- $6 \div 6 = 1$

6개의 사과를 6봉지에 똑같이 나누어 넣으면, 각각의 봉지에 있는 사과의 수는 똑같이 1개입니다.

위와 같이 네 가지 방법이 있다는 것을 알 수 있습니다(네 봉지, 다섯 봉지로 나누면

남는 사과, 즉 나머지가 생기므로, 가능하지 않음).

따라서, 이 예제는 '사과 6개를 1봉지 또는 2봉지 또는 3봉지 또는 6봉지로 나눴을 때, 각각의 봉지에 있는 사과의 수는 같고, 나머지 없이 나누어떨어집니다'라고 말을 할 수 있습니다.

위 예제에서 볼 수 있듯이, 초등학교 수학에서는 어떤 수를 나누어떨어지게 하는 수, 또는 어떤 수를 나누었을 때 나머지가 0인 수를 그 수의 '약수'라고 합니다. 그러면 10의 약수는 어떤 것이 있을까요?

- $10 \div 1 = 10 \cdots 0$
- $10 \div 2 = 5 \cdots 0$
- $10 \div 3 = 3 \cdots 1$
- $10 \div 4 = 2 \cdots 2$
- $10 \div 5 = 2 \cdots 0$
- $10 \div 6 = 1 \cdots 4$
- $10 \div 7 = 1 \cdots 3$
- $10 \div 8 = 1 \cdots 2$
- $10 \div 9 = 1 \cdots 1$
- $10 \div 10 = 1 \cdots 0$

이처럼 나눗셈을 해보면, 나머지 없이 나누어떨어지는 수들(또는 나머지가 0인 수들)은 1, 2, 5, 10 네 가지 숫자가 있다는 것을 알 수 있습니다. 따라서 10의 약수는 1, 2, 5, 10입니다.

다른 방법으로 약수를 찾아보도록 할까요? 10을 두 수의 곱하기만으로 표현해보도록 하겠습니다.

$$10 \; = 1 \times 10$$
$$= 2 \times 5$$
$$= 5 \times 2$$
$$= 10 \times 1$$

위 식들은 나머지가 없는 나눗셈의 검산식이라고 생각하셔도 좋습니다. 그러면 위 방법으로 표현될 수 있으니, 10을 나머지 없이 나누어떨어지는 수들(또는 10을 나누었을 때 나머지가 0인 수들), 즉 10의 약수는 1, 2, 5, 10입니다.

몇몇 응용 예제를 통해 약수라는 용어의 약속을 연습해 보겠습니다.

예제 2-46. 12의 약수는?

12를 두 수의 곱으로 표현해 봅니다.

12 = 1 × 12
2 × 6
3 × 4
4 × 3
6 × 2
12 × 1

이를 보면 약수는 1, 2, 3, 4, 6, 12라는 것을 알 수 있습니다.

예제 2-47. 6의 약수는?

$6 = 1 \times 6$

$\quad = 2 \times 3$

$\quad = 3 \times 2$

$\quad = 6 \times 1$

이를 보면 약수는 1, 2, 3, 6이라는 것을 알 수 있습니다.

2) 인수(因數)

중학교 수학 교과서에서는 '인수'라는 새로운 용어가 등장하는데, '인수'는 새로운 개념이 아니라, 위에서 설명해 드린 초등학교 수학 교과서의 '약수'라고 생각하시면 됩니다. 즉, 인수는 어떤 수나 식을 나누어떨어지게 하는 수나 식, 또는 어떤 수나 식을 곱하기만으로 표현했을 때, 곱해지는 각각의 것들이라고 생각하시면 됩니다.

보충설명 12의 약수는 1, 2, 3, 4, 6, 12이고, 이것이 바로 12의 인수입니다.

> 1) 10의 인수는?
>   10의 약수는 1, 2, 5, 10입니다. 이것이 10의 인수입니다.
> 2) 12의 인수는?
>   12의 약수는 1, 2, 3, 4, 6, 12입니다. 이 수들이 12의 인수입니다.

그러면 공약수(公約數, common divisor)라는 용어가 등장하는데 그 개념에 대해 알아보겠습니다.

3) 공약수(公約數, common divisor)

공약수는 둘 이상의 자연수에 공통인 약수를 말합니다.

보충설명 공약수는 역시 한자어로, 공(公)은 같이 있다는 의미, '약(約)은 앞에서 설명한 나누다'라는 의미를 가지므로, 두 수에 함께 있는 약수, 또는 두 수에 공통인 약수, 또는 두 수를 나누어떨어지게 하는 수 정도로 그 의미를 파악할 수 있겠지요. 초등학교 수학에서 공약수라는 용어의 정확한 약속은 둘 이상의 자연수에 공통인 약수로, 이 의미는 아래 예제를 통해 설명하겠습니다.

12개의 사과와 20개의 사탕을 박스에 같이 넣어서 아래와 같은 방식으로 포장해서 나눠줘야 합니다.

1) 각각의 박스에는 사과와 캔디가 들어 있고, 각 박스에 들어 있는 사과의 개수는 같으며, 또한 각 박스에 들어 있는 캔디의 수도 같은데, 한 박스에 들어 있는 사과의 수와 캔디의 수는 같을 필요는 없습니다(예를 들면, 모든 박스에 사과는 2개, 캔디 3개씩 들어있음).
2) 박스에 포장한 후에 남는 사과나 사탕이 한 개도 없도록 포장해서 나누려고 합니다.

위와 같이 나누는 방법에는 어떤 방법이 있을까요?

앞의 예제 풀이방법을 똑같이 이 예제에 적용하면, 12개 사과를 나머지 없이 나누는 방법은, 1박스, 2박스, 3박스, 4박스, 6박스, 12박스이고, 20개의 사탕을 나머지 없이 나누는 방법은, 1박스, 2박스, 4박스, 5박스, 10박스, 20박스이니, 두 방법이 공통으로 겹치는 1박스 또는 2박스 또는 4박스가 정답인 것을 알 수 있습니다.

즉, '12개의 사과 전부와 20개의 사탕 전부를 1박스에 담아서 포장하거나, 또는 각각의 박스에 6개의 사과와 10개의 사탕이 들어 있는 2박스로 포장하거나, 각각의 박스에 3개의 사과와 5개의 사탕이 들어 있는 4박스로 포장하는 방법이 있습니다.'라고 답을 할 수 있겠지요.

 1.

1개의 큰 박스에 12개 사과 전부와 20개 사탕 전부를 담아서 포장

2.

각각의 박스에 6개의 사과와 10개의 사탕이 들어 있는 2박스로 포장

3.

각각의 박스에 3개의 사과와 5개의 사탕이 들어 있는 4박스로 포장

이를 약수라는 용어를 사용해서 표현하면,

- 12의 약수 = 1, 2, 3, 4, 6, 12라는 것을 알 수 있고,
- 20의 약수 = 1, 2, 4, 5, 10, 20이니,

'두 수의 공약수는 1, 2, 4입니다'라고 말합니다.

그러면 최대공약수라는 용어의 약속 및 최대공약수를 구하는 법에 대해 알아보겠습니다.

4) 최대공약수(島大公約數, maximum common divisor, greatest common divisor)

공약수 중에서 가장 큰 수를 최대공약수라고 말합니다. 위에서 12개 사과와 20개 사탕을 포장해서 나누는 예제에서는, 두 수의 공약수들인 1, 2, 4 중에서 가장 큰 수는 4이며, 이 수가 12와 20의 최대공약수가 되겠습니다.

예제 2-48. 12와 18의 최대공약수는?

• 12의 약수 = 1, 2, 3, 4, 6, 12
• 18의 약수 = 1, 2, 3, 6, 9, 18
두 수의 공약수는 1, 2, 3, 6이므로, 이 중 가장 큰 수는 6이기 때문에 12와 18의 최대공약수는 6입니다.

정답 6

위 예제에서 보면 알 수 있듯이, 최대공약수 6의 약수는 1, 2, 3, 6인데, 이 네 수들은 12와 18의 공약수와 같다는 것을 알 수 있습니다. 이 예제에서만 성립하는 게 아니라, 어떤 두 수에 대해서도 이는 성립합니다. 두 수의 공약수는 두 수의 최대공약수의 약수와 같습니다.

위에서 설명한 두 수의 최대공약수를 찾는 방법은 1) 두 수의 약수들을 찾고, 2)

공약수들을 찾고, 3) 공약수들 중에서 가장 큰 것을 골라서 최대공약수를 찾는 방법이었습니다. 초등학교 수학 교과서에서는 위 방법 외에 최대공약수를 간단히 찾는 방법이 서술되어 있습니다.

두 수 12와 20의 최대공약수를 찾는 간단 방법(초등학교 수학 교과서)

- 12와 20을 가장 작은 수들(약수의 갯수가 가장 작은 수)들의 곱으로 나타낸 곱셈식을 이용하여 최대공약수를 찾는다(여기서, 약수의 개수가 가장 작은 수는 약수가 1과 자기 자신만인 수로 2, 3, 5, 7, 11, 31, 47 등을 의미합니다).

먼저 두 수를 약수의 개수가 가장 작은 수들의 곱으로 표현합니다.

- $12 = 2 \times 2 \times 3$
- $20 = 2 \times 2 \times 5$

위 식을 보면 알 수 있듯이, 수 2와 4(= 2×2)는 두 수 12와 20의 공약수들이라는 것을 알 수 있습니다(그 이유는 12와 20을 각각 2와 4로 나누었을 때, 나머지는 0이 됨을 알 수 있기 때문이지요). 따라서 최대공약수는 공약수들 2와 4 중에 큰 수인 4라는 것을 알 수 있습니다. 참고로, 위 식에서 3은 12의 약수이지만, 20의 약수는 아니고, 5는 20의 약수지만 12의 약수는 아니라는 것을 알 수 있습니다. 따라서, 3과 5는 두 수 12와 20의 공약수가 아닙니다.

중학교 수학과정에서도 최대공약수를 찾는 방법에 대해 나와 있는데, 초등학교 수학과정에서 설명한 방법과 방법은 같으나, 차이점은 소수와 소인수라는 새로운 용어를 사용하여 최대공약수를 찾는 방법이 서술되어 있습니다. 먼저 중학교 수학과정에서 사용되는 용어를 정리하겠습니다.

소수(素數, prime number)

- 약수가 1과 그 자신인 수를 소수라고 약속하는데, 이는 0.1과 같은 소수(小數, decimal fraction)와 똑같은 단어이지만, 다른 개념을 가지고 있다는 것을 주의하시길 바랍니다.
- 소수(素數, prime number)의 예는 2, 3, 5, 7, 11, 31, 47 등을 들 수 있습니다.

소인수(素因數, prime divisor)

- 인수(약수) 중에서 소수인 것을 '소인수'라고 합니다.

중학교 수학 교과서에서 나오는 용어의 약속에 대해 연습을 하겠습니다.

예제 2-49. 10의 약수(인수)와 소인수는?

10의 인수(약수)는 1, 2, 5, 10입니다. 이 중에서 소수는 2와 5이니, 소인수는 2, 5입니다.

예제 2-50. 12의 약수(인수)와 소인수는?

12의 인수(약수)는 1, 2, 3, 4, 6, 12입니다. 이 중에서 소수는 2, 3이니 소인수는 2, 3입니다.

초등학교 수학 교과서에서의 '약수의 개수가 가장 적은 수'는 중학교 수학 교과서에서는 '소인수'라는 용어에 해당합니다. 그러면 중학교 수학과정의 용어를 사용해서 최대공약수를 찾는 간단 방법을 다시 서술하면 아래와 같습니다.

> **두 수 12와 20의 최대공약수를 찾는 간단 방법(중학교 수학 교과서)**
> - 12와 20을 소인수들의 곱으로 나타낸 곱셈식을 이용하여 최대공약수를 찾는다.

예제 2-51. 24와 30의 최대공약수를 소인수들의 곱으로 나타낸 곱셈식을 이용하여 찾으시오.

- $24 = 2^3 \times 3$
- $30 = 2 \times 3 \times 5$

위 식을 보면, 2와 3은 두 수 24와 30의 공약수라는 것을 알 수 있습니다. 그리고 2와 3을 곱한 6도 역시 두 수 24와 30의 공약수라는 것을 알 수 있습니다. 따라서 24와 30의 공약수들은 모든 수의 약수인 1을 포함한 1, 2, 3, 6입니다. 1, 2, 3, 6은 24와 30을 동시에 나누어떨어지는 수들인데, 이 네 수 중에서 가장 큰 수는 6이니 24와 30의 최대공약수는 6입니다.

이 예제를 통해서 보면 알 수 있듯이, 두 수의 공약수들을 찾을 때는, 두 수를 각각 소인수의 곱으로 나타낸 곱셈식으로 표현하고, 이를 이용해 두 수의 최대공약수를 찾을 수 있다는 사실을 알 수 있습니다. 그러면 이 사실을 이용해 24와 30의 최대공약수를 아래와 같은 형식으로 찾아보겠습니다. 24와 30의 공약수(약수의 개수가 가장 작은 수들)을 이용하여 최대공약수를 찾으면, 아래 식을 얻습니다.

$$\begin{array}{r} 2\,)\underline{2430} \\ 3\,)\underline{1215} \\ 45 \end{array}$$

위에서 보면 알 수 있듯이, 두 수 24와 30의 공약수(약수의 개수가 가장 작은 수들)만을 찾고 이들(2와 3)을 모두 곱하면 최대공약수 $2 \times 3 = 6$이 된다는 것을 알 수 있습니다. 중학교 수학 교과서에서는 '서로소'라는 용어가 등장합니다. 이 서로소라는 용어의 약속은 아래와 같습니다.

서로소(서로素, relatively prime, coprime 또는 disjoint)

두 수의 공약수가 1밖에 없을 때 이 두 수를 서로소라고 합니다. 이때 공약수가 1밖에 없으니 최대공약수가 1이라고도 표현합니다. 두 수의 최대공약수를 찾는 방법을 서로소라는 용어를 사용하여 서술하면, 두 수를 서로소가 나올 때까지 계속 1이 아닌 공약수로 나눠준 후에, 이 공약수들을 모두 꺼내서 모조리 곱하면 됩니다. 이 방법이 가장 많이 사용하는 방법입니다. 아래 예제 2-52에서는 이 방법을 사용하여 최대공약수를 찾아보겠습니다.

예제 2-52. 12와 20의 최대공약수를 찾으시오.

$$
\begin{array}{r}
2\,)\ \underline{12\quad 20} \\
2\,)\ \underline{\ 6\quad 10} \\
3\quad\ \ 5
\end{array}
$$

공약수(약수의 개수가 가장 작은 수들)만을 찾고 이 둘을 곱하기

$$2 \times 2 = 4$$

참고로, 이 문제에서 두 수 12와 20의 공약수를 모두 찾는 데 관심이 있으면 두 수의 최대공약수를 먼저 찾은 후에 이 최대공약수의 약수를 찾아도 공약수를 모두 찾을 수 있습니다. 이 경우 최대공약수는 4이니, 최대공약수의 약수는 1, 2, 4이고, 이 수들이 두 수의 공약수가 되겠습니다.

최대공약수를 구할 때, 나누는 수는 소수가 아니어도 관계는 없습니다. 예를 들어 60과 48의 최대공약수를 구할 때, 아래 방법을 이용할 수 있습니다.

$$
\begin{array}{r}
6)\underline{60\quad 48} \\
2)\underline{10\quad 8} \\
5\quad 4
\end{array}
$$

여기서 6은 소수가 아니지만 나누는 수로 사용할 수 있습니다. 이 예제에서는 12(= 6×2)가 60과 48의 최대공약수입니다.

예제 2-53. 최대공약수가 21인 두 수를 가장 작은 수(소인수)의 곱으로 나타낼 때 ( ) 안에 알맞은 수를 찾으시오.

$$(\quad) = 2 \times 3 \times (\quad)$$
$$(\quad) = (\quad) \times 5 \times (\quad)$$

풀이과정

최대공약수가 21이니, 21을 가장 작은 수(소인수)의 곱으로 표현해보겠습니다. $21 = 3 \times 7$로 가장 작은 수(소인수)의 곱으로 표현할 수 있습니다. 앞에서 설명하였듯이, 최대공약수의 약수는 두 수의 공약수임을 활용해보면, 최대공약수의 약수는 그 최대공약수 자신(21)과 모든 수의 약수인 1과 소인수들인 3, 7이라는 것을 알 수 있는데, 따라서 두 수의 공약수에는 소인수 3, 7이 들어가야 함을 알 수 있습니다.

( ) = $2 \times 3 \times$ ( )에서, 등식의 우변에 공약수 3이 있으니, 등식의 우변의 ( )는 소인수 7이 들어가야 함을 알 수 있습니다. 따라서 ( ) = $2 \times 3 \times 7 = 42$를 알 수 있습니다.

( ) = ( ) $\times 5 \times$ ( )에서, 등식의 우변에 소인수는 5밖에 안보이니,

등식의 우변의 (　　)과 (　　)에는 각각 소인수 3과 7을 넣어야 함을 알수 있습니다. 따라서 $3 \times 5 \times 7 = 105$

그러므로 등식의 좌변에 있는 (　　) = 105가 됨을 알 수 있습니다.
따라서 정답은,

- $42 = 2 \times 3 \times 7$
- $105 = 3 \times 5 \times 7$

5) 최소공배수(最小公倍數, least common multiple)

최소공배수의 개념에 대해 간략히 알아보겠습니다. 먼저 몇몇 용어를 약속하겠습니다.

배수(倍數, multiple), 공배수(公倍數, common multiple), 최소공배수(最小公倍數, least common multiple)

- 배수 : 어떤 수를 1배, 2배, 3배, 4배 등을 한 수를 그 수의 배수라고 합니다.
  예 4의 배수 : 4, 8, 12, 16, …, 9의 배수 : 9, 18, 27, …
- 공배수 : 2개 이상의 자연수의 공통인 배수
- 최소공배수 : 공배수 중에서 가장 작은 수

보충설명 공배수는 두 수 또는 그 이상의 수에서 나오는 용어로, 공(公)이라는 것이 한자어 '공통'이라는 의미가 있으니, 두 수에 함께 있는 배수, 두 수에 공통인 배수 정도로 그 의미를 파악할 수 있습니다. 공배수는 2개 이상의 자연수의 공통인 배수라고 약속하며, 이 공배수 중에서 가장 작은 공배수를 최소공배수라고 합니다. 예를 들면 아래와 같습니다.

5와 6의 공배수를 찾고 싶습니다. 그러면,

- 5의 배수: 5, 10, 15, 25, 30, 35, 40 …
- 6의 배수: 6, 12, 18, 24, 30, 36, …

위 두 수들을 보면, 5의 배수이면서 6의 배수는 30의 배수이며, 이는 30, 60, 90, 120... 입니다. 이것이 5와 6의 공배수가 된다는 것을 알 수 있습니다. 따라서 최소공배수는 5와 6의 공배수 중에서 가장 작은 수인 30이라는 것을 알 수 있습니다. 그리고 이 예제에서 5와 6의 공배수는 최소공배수 30의 배수가 된다는 것을 알 수 있습니다. 이는 이 예제뿐 아니라 어떤 두 자연수에도 성립합니다. 즉, 둘 이상의 자연수의 공배수는 최소공배수의 배수입니다.

예제 2-54. 6과 9의 공배수와 최소공배수를 찾으시오.

풀이과정

6의 배수는 아래와 같습니다.
6, 12, 18, 24, 30, 36, 54,…

9의 배수는 아래와 같습니다.
9, 18, 27, 36, 45, 54, …

따라서 6과 9의 공배수는 아래와 같습니다.
6과 9의 공배수: 18, 36, 54, …

따라서 6과 9의 최소공배수는 공배수 중에서 가장 작은 수이므로 18입니다.

정답 최소공배수는 18

위 방법 외에, 최소공배수를 간단히 찾는 방법의 원리를 설명하겠습니다. 4와 6의 최소공배수를 찾는 방법을 알아보겠습니다.

1.

가장 작은 수(소인수)의 곱을 이용하여 4와 6의 최소공배수를 찾기 위해 4와 6을 가장 작은 수(소인수)의 곱으로 표현해보겠습니다.

$$2\,)\ \underline{\ 4\quad 6\ }$$
$$\qquad 2\quad 3$$

- $4 = 2 \times 2$
- $6 = 2 \times 3$

위 두 식을 보면 4와 6의 공약수는 2이고, 4는 공약수 2에 2가 곱해 있는 수이며, 6은 공약수 2에 3이 곱해 있는 수라는 것을 알 수 있습니다. 4와 6은 상대방이 가지고 있는 수를 자신의 수에 곱해야 두 수가 같아지는 것을 알 수 있습니다. 이렇게 같게 만들어주면, 얻어진 수가 바로 이 두 수의 최소공배수가 됩니다.

즉, 4는 2×2인데, 이 수에 6이 가지고 있는 3을 곱하고, 6은 2×3인데, 4가 가지고 있는 2를 곱해야 이 두 수가 $2 \times 2 \times 3 = 2 \times 3 \times 2 = 12$로 같아집니다(자기는 없고, 상대방이 가지고 있는 수를 곱해야 두 수가 같아짐).

따라서 최소공배수는,
$2 \times 2 \times 3 = 2 \times 3 \times 2 = 12$

2.

최대공약수를 이용하여 최소공배수를 찾기
두 번째 방법은 최대공약수를 이용하여 최소공배수를 찾는 방법입니다. 먼저 4와 6을 1이 아닌 공약수로 나눠줍니다.

$$2\,)\ \underline{\ 4\quad 6\ }$$
$$\qquad 2\quad 3$$

- 4 = 2 × 2
- 6 = 2 × 3

그러면 2는 4와 6의 최대공약수이므로 아래와 같이 식을 얻을 수 있습니다.

- 4 = 최대공약수 × 2
- 6 = 최대공약수 × 3

그러므로 4과 6은 상대방이 가지고 있는 수를 자신에게 곱해야 두 수가 같아짐을 알 수 있습니다. 따라서, 4와 6의 최소공배수 = 4와 6의 최대공약수 × 3 × 2 = 2 × 3 × 2 = 12

초등학교, 중학교 수학 교과서에서는 최소공배수를 구하는 법에 대해서는 공약수로 나누는 법, 지수를 이용하는 법[작은 수(소인수)의 곱을 이용하는 방법] 등으로 표현이 되어있고, 공약수로 나누는 방법에는 두 수를 적고, 두 수가 서로소가 될 때까지 계속 1이 아닌 공약수로 나누는 것으로 표현되어있습니다. 차이가 있다면, 최대공약수에서는 공약수들만을 곱했는데 최소공배수는 공약수에 서로소까지 곱한다는 설명으로 되어있습니다. 이 설명의 원리는 위에 설명한 내용과 같습니다.

[예제] 2-55. 60과 48의 최소공배수를 찾으시오.

풀이과정 1.

작은 수(소인수)의 곱을 이용하는 법(또는 지수이용법)

$60 = 2^2 \times 3 \times 5$

$48 = 2^4 \times 3$

위 식을 보면, $2^2 \times 3$은 두 수의 최대공약수라는 사실을 알 수 있습니다.

- 60은 최대공약수 $2^2 \times 3$에 5가 곱해진 수
- 48은 최대공약수 $2^2 \times 3$에 2^2가 곱해진 수

60과 48은 상대방이 가지고 있는 수를 자신의 수에 곱해야 두 수가 같아지는 것을 알 수 있습니다. 이렇게 같게 만들어주면, 얻어진 수가 바로 이 두 수의 최소공배수가 됩니다.

즉, 60은 $2^2 \times 3 \times 5$인데, 이 수에 48이 가지고 있는 2^2을 곱하고, 48은 = $2^4 \times 3$인데, 60이 가지고 있는 5를 곱해야 이 두 수가 $2^4 \times 3 \times 5$로 같아집니다. 따라서, 60과 48의 최소공배수는 $2^4 \times 3 \times 5 = 240$

풀이과정 **2.**

- 공약수로 나누는 법

1이 아닌 공약수로 각 수를 나누되 세 수가 모두 서로소가 될 때까지, 즉, 어떤 두 수를 택하여도 공약수가 1이 될 때까지 나눕니다.

$$
\begin{array}{r|l l}
2 & 60 & 48 \\
2 & 30 & 24 \\
3 & 15 & 12 \\
\hline
& 5 & 4
\end{array}
$$

60, 48의 최소공배수는 $2^2 \times 3$ 아래에 있는 서로소 5, 4까지 곱해서,
$2^2 \times 3 \times 5 \times 4 = 240$
따라서 정답은 240입니다.

두 수의 최소공배수를 구하는 법에 대해 알아보았는데, 세 수 이상의 최소공배수를 구하는 법에 대해 예를 들어 간략히 소개하겠습니다.

예제 2-56. 8, 10, 12의 최소공배수를 찾으시오.

풀이과정 1.

1. 세 수 중 가장 큰 두 수를 적습니다. 이 예제의 경우는 12와 10이 되겠습니다. 먼저, 이 두 수의 최소공배수를 찾습니다.

$$
\begin{array}{r|ll}
2) & 10 & 12 \\
\hline
& 5 & 6
\end{array}
$$

앞에서 설명한, 두 수의 최소공배수를 찾는 방법을 사용하면, 10과 12의 최소공배수는 $2 \times 5 \times 6 = 60$이 됨을 알 수 있습니다.

2. 문제에서 주어진 세 수(8, 10, 12) 중 가장 작은 수인 8과 단계 1에서 구한 최소공배수 60의 최소공배수를 구합니다.

$$
\begin{array}{r|ll}
2) & 8 & 60 \\
\hline
2) & 4 & 30 \\
\hline
& 2 & 15
\end{array}
$$

앞에서 설명한 두 수의 최소공배수 찾는 방법을 적용하면, 8과 60의 최소공배수는 $2 \times 2 \times 2 \times 15 = 120$이 됨을 알 수 있습니다.
따라서 정답은 $2 \times 2 \times 2 \times 15 = 120$이 됩니다.

풀이과정 2.

8, 10, 12에서 세 숫자를 1이 아닌 공약수인 2로 나눔

```
2 ) 8   10   12
2 ) 4    5    6
      2    5    3
```

세 수에서 공약수를 찾을 수 없을 때는 두 수를 선택해서 둘의 공약수로 나눠줍니다. 그러면 두 수는 공약수로 나누고, 나뉘지 않는 다른 한 수는 그냥 쓰면 됩니다. 숫자가 세 개일 때는 세 수에서 모두 서로소가 나올 때까지 계속 나눕니다. 나눠준 공약수와 마지막 수들을 모두 곱하면 최소공배수를 얻습니다

따라서 8, 10, 12의 최소공배수는 $2 \times 2 \times 2 \times 5 \times 3 = 120$입니다.

이 방법을 간략히 정리하면 아래와 같습니다.
① 1이 아닌 공약수로 각 수를 나눔.
② 세 수의 공약수가 없으면 두 수의 공약수로 나누고 공약수가 없는 수는 그냥 내려옴.
③ 세 수가 모두 서로소가 될 때까지 나눠줌.
④ 나눠준 공약수와 마지막 수들을 모두 곱함.

세 수 이상의 최소공배수는 어떤 두 수를 택하여도 공약수가 1이 될 때까지 나눕니다.

예제 2-57. 18, 28, 36의 최소공배수를 찾으시오.

풀이과정 1.

- 18 = 2 × 3 × 3
- 28 = 2 × 2 × 7
- 36 = 2 × 2 × 3 × 3

위 세 수들을 보면 18, 28, 36의 최대공약수는 2이며, 18은 최대공약수 2에 3×3이 곱해져 있는 수이고, 28은 최대공약수 2에 2×7이 곱해져 있는 수, 36은 최대공약수 2에 2×3×3이 곱해져 있는 수라는 것을 알 수 있습니다. 따라서 18, 28, 36은 상대방들이 가지고 있지 않은 수들을 자신의 수에 곱해야, 세 수가 같아진다는 것을 알 수 있습니다.

따라서 $2^2 \times 3^2 \times 7 = 252$ 가 정답입니다.

풀이과정 2.

1이 아닌 공약수로 각 수를 나누되, 세 수가 모두 서로소가 될 때까지, 즉, 어떤 두 수를 택하여도 공약수가 1이 될 때까지 나눕니다.

```
2 )  18   28   36
2 )   9   14   18
3 )   9    7    9
3 )   3    7    3
      1    7    1
```

따라서 최소공배수 = 2 × 2 × 3 × 3 × 7 = 252가 정답입니다.

풀이과정 3.

세 수 중 가장 큰 두 수인 28과 36의 최소공배수를 먼저 찾고, 얻어진 최소공배수와 18의 최소공배수를 찾음

예제 2-58. 57을 어떤 자연수로 나누면 1이 남고, 86을 똑같은 자연수로 나누면 2가 남고, 129를 똑같은 자연수로 나누면 3이 남을 때, 이 자연수 중 가장 큰 수는?

57 - 1 = 56, 86 - 2 = 84, 129 - 3 = 126이 세 수의 최대공약수를 찾는 문제입니다. 따라서 56, 84, 126의 최대공약수를 찾으면, 14가 됨을 알 수 있습니다.

정답 최대공약수 = 14

퀴즈

01. 머리를 식히며, 잠깐 퀴즈를 내도록 하겠습니다. 홍콩의 초등학교 1학년 수학 시험문제로 알려져 있습니다. 주차장에 차가 위와 같이 세워져 있습니다. 차가 세워진 곳의 번호는?

그림 2-24

수의 규칙을 찾아서 답을 찾는 문제라기보다, 관찰력을 테스트한 퀴즈입니다. 위 그림을 거꾸로 보면 정답을 찾을 수 있습니다. 정답은 87입니다.

03

시계 관련 문제,
규칙 찾기 문제 정리

친절한 설명식
중학수학 디딤돌

01 시계 관련 문제

초등학교 및 중학교 수학과정에서 시계 관련 문제들은 종종 등장하는데, 이 문제들은 아이들이 수학에 호기심 또는 흥미를 가지게 하는 데 도움이 될 수 있으며, 관련 개념 및 원리는 중학교 수학과정에서 배우게 될 몇몇 개념에 활용될 수 있습니다.

예제 3-1. 빈칸에 알맞은 수를 넣으시오.

시계는 큰 눈금이 (   )칸이므로 큰 눈금 한 칸의 각도는 $360° \div 12$이니 (   )°입니다.
짧은 바늘(시침)은 1시간에 (   )° 움직이고, 30분에 (   )°, 10분에 (   )° 움직입니다.
긴 바늘 (분침)은 1시간에 (   )° 움직이고, 1분에 (   )° 움직입니다.

풀이과정

시계는 큰 눈금이 12칸이므로 큰 눈금 한 칸의 각도는 $360° \div 12$이니 $30°$입니다. 따라서, 짧은 바늘은 1시간에 $30°$ 움직이고, 30분에 $15°$, 10분에

5° 움직입니다. 긴 바늘은 1시간에 360° 움직이고, 1분에 $\dfrac{360}{60} = 6°$ 움직입니다.

이 원리를 이용하여, 이 장에서는 시계 관련 문제들을 정리해 보았습니다.

예제 3-2. 8시 15분에서 짧은 바늘과 긴 바늘이 이루는 작은 쪽 각도는?

 1.

단계 ❶. 위 그림에서 보면 알 수 있듯이, 시계는 큰 눈금이 12칸이므로 큰 눈금 한 칸의 각도는 360° ÷ 12이니 30°입니다. 8시 15분을 보니 큰 눈금이 5칸이라는 것을 알 수 있습니다. 그러니 큰 눈금으로는 30° × 5 = 150°를 얻습니다.

단계 ❷. 단계 1로 답을 쓰면, 시계의 원리를 정확히 파악하지 않는 경우입니다. 시계의 짧은 바늘은 8시에는 정확히 8이라는 눈금에 있었지만, 8시 15분에는 8에서 9라는 숫자를 향해 시계방향으로 조금 움직였다는 것을 알 수 있습니다. 그러면 몇 도를 더 움직였을까요?

앞서 설명했듯이, 짧은 바늘은 1시간에 30°를 움직이니, 30분에는 15°, 15

분에는 $\dfrac{15}{2} = 7.5°$ 움직인다는 것을 알 수 있습니다.

단계 ❸. 따라서 정답은 $30° \times 5 + 7.5° = 157.5°$입니다.

정답 $157.5°$

풀이과정 2.

이 $7.5°$는 아래 비례식을 통해서도 얻을 수 있습니다.

$$\dfrac{90}{360} = \dfrac{(\ \ )}{30} \ \Rightarrow 7.5°$$

따라서 정답은 $30° \times 5 + 7.5° = 157.5°$

예제 3-3. 교실 시계는 하루에 7분씩 빨리 갑니다. 오늘 아침 9시 정각에 이 시계를 맞췄습니다. 그 다음 날 오후 3시에 가리키는 시각은 몇 시인가요?

풀이과정

단계 ❶. 하루는 24시간이고, 1분은 60초이니, 교실 시계는 24시간 동안 60×7초 $= 420$초 빨리 갑니다.

단계 ❷. 오늘 아침 9시 정각에 시계를 맞췄고, 그 다음 날 오후 3시까지는 총 몇 시간인가요? 계산해보면, 오늘 아침 9시 정각부터 그 다음 날 아침 9시 정각까지가 총 24시간, 그리고 아침 9시 정각부터 오후 3시까지는 6시간이니, 24시간 + 6시간 = 30시간으로 총 30시간이라는 것을 알 수 있습니다.

단계 ❸. 교실 시계는 24시간 동안에 420초씩 빨리 가니, 1시간 동안에는 $\dfrac{420초}{24}$ 만큼 빨리 간다는 것을 알 수 있습니다. 30시간 동안에 빨라지는 시간을 미지수 ( )초라고 둡니다.

단계 ❹. 24시간에 420초씩 빨리 가니, 1시간에는 $\dfrac{420초}{24}$ 만큼 빨리 가고, 30시간 동안 빨라지는 시간을 ( )초라고 하면,

$$( ) = \dfrac{420초}{24} \times 30 = 525초 = 8분\ 45초$$

또는 비례식을 사용하여,

24시간 : 420초 = 30시간 : ( )
( ) = 525초 = 8분 45초

단계 ❺. 이 시계는 30시간 동안 8분 45초 빨리 갑니다. 따라서, 오후 3시에 가리키는 시각은 3시보다 8분 45초만큼 빨리 간, 3시 8분 45초가 정답입니다.

정답 3시 8분 45초

예제 3-4. 시계의 둥근 문자판에 두 개의 평행직선을 그어서 문자판을 세 부분으로 나누되 매 부분에 있는 수들의 합이 다 같아지도록 만드시오.

$1 + 2 + \cdots + 11 + 12 = 78$

이를 3으로 나누면 26을 얻습니다. 따라서 26이 되도록 세 부분으로 나누면 다음과 같습니다.

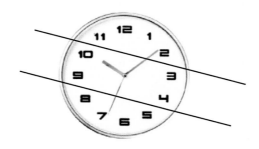

예제 3-5. 3시 30분에서 두 바늘이 이루는 각은?

 풀이과정

숫자 4에서 6까지는 큰 눈금은 2칸이라는 것을 알 수 있습니다. 따라서 큰 눈금 두 칸의 각도인 $30° \times 2 = 60°$를 얻습니다. 3시에서 3시 30분까지 긴 바늘이 30분 동안 움직일 때, 숫자 3에 놓여있는 짧은 바늘은 앞에서 설명했듯이, $15°$만큼 움직였습니다. 따라서 $60°$에 추가로 더해야 할 각도는 큰 눈금 1칸인 $30°$에서 짧은 바늘이 움직인 각도만큼을 뺀 각도이므로 $30 - 15 = 15°$입니다.

따라서 3시 30분일 때, 시계의 두 바늘이 이루는 작은 쪽의 각도는 $60 + 15 = 75°$입니다.

정답 75°

3-6. 2시 40분을 가리킬 때, 짧은 바늘과 긴 바늘이 이루는 작은 쪽 각도는?

풀이과정

숫자 3에서부터 숫자 8까지는 눈금 5칸이므로 $30° \times 5 = 150°$를 얻습니다. 2시에서 2시 40분까지 긴 바늘이 40분 움직이는 동안, 숫자 2에 놓여있는 짧은 바늘은 앞에서 설명했듯이, $5° \times 4 = 20°$만큼 움직였습니다(10분에 $5°$씩 움직이니 40분이면 $20°$만큼 움직입니다). 따라서 $150°$에 추가로 더해야 할 각도는 큰 눈금 한 칸의 각도인 $30°$에서 긴 바늘이 40분 움직일 때 짧은 바늘이 움직인 각도를 뺀 각도이므로 $30° - (5° \times 4) = 10°$입니다. 따라서, 2시 40분일 때, 두 바늘이 이루는 작은 쪽의 각도는 $150° + 10° = 160°$입니다.

정답 $160°$

 3-7. 3시 40분에 운동을 시작하였습니다. 운동을 끝낸 후에 시계를 보니 5시 20분이었습니다. 운동하는 동안 짧은 바늘이 움직인 각도는?

풀이과정

3시 40분에서 5시 20분까지 1시간 40분 동안 짧은 바늘이 움직인 각도는, 아래의 두 각도의 합입니다.
① 1시간 동안 큰 눈금은 한 칸을 움직이므로 $30°$
② 40분 동안 짧은 바늘이 움직인 각도 $5° \times 4 = 20°$
   짧은 바늘은 모두 $30° + 20° = 50°$를 움직였습니다.

정답 $50°$

예제 3-8. 하루에 $1\frac{1}{60}$분씩 빨라지는 시계가 있습니다. 이 시계를 5월 3일 낮 12시 정각에 정확한 시각으로 맞추어 놓았습니다. 같은 달 5월 6일 낮 12시에 이 시계가 가리키는 시각은 몇 시 몇 분 몇 초가 될까요?

풀이과정

단계 ❶. 5월 3일 낮 12시 정각부터 같은 달 5월 6일 낮 12시까지는 3일입니다.

단계 ❷. 이 시계가 5월 3일 낮 12시부터 5월 6일 낮 12시까지 3일 동안 빨라지는 시간은

$$1\frac{1}{60} + 1\frac{1}{60} + 1\frac{1}{60} = 3\frac{3}{60} \ \text{(분)}$$

단계 ❸. 1분은 60초이므로 $3\frac{3}{60}$분은 3분 3초입니다.

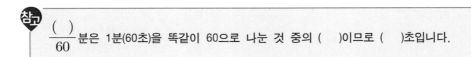

참고
$\frac{(\ \ )}{60}$ 분은 1분(60초)을 똑같이 60으로 나눈 것 중의 (   )이므로 (   )초입니다.

단계 ❹. 5월 6일 낮 12시에 이 시계가 가리키는 시각은 낮 12시 + 3분 3초 = 오후 12시 3분 3초입니다.

정답 12시 3분 3초

예제 3-9. 하루에 $2\frac{1}{6}$분씩 빨라지는 시계가 있습니다. 이 시계를 10월 8일 낮 12 정각에 정확한 시각으로 맞추어 놓았습니다. 같은 달 10월 10일 낮 12시에 이 시계가 가리키는 시각은 몇 시 몇 분 몇 초인가요?

풀이과정

단계 ❶. 10월 8일 낮 12시부터 10월 10일 낮 12시까지는 2일입니다.

단계 ❷. 하루에 $2\frac{1}{6}$ 분씩 빨라지므로, 10월 8일 낮 12시부터 10월 10일 낮 12시까지 2일 동안 빨라지는 시간은 $2\frac{1}{6} + 2\frac{1}{6} = 4\frac{2}{60}$ 분입니다.

단계 ❸. 1분 = 60초라는 관계식을 사용하면, $4\frac{2}{60}$ 분은 4분 2초입니다.

단계 ❹. 10월 10일 낮 12시에 이 시계가 가리키는 시각은 단계 3의 결과를 사용하면,

낮 12시 + 4분 2초 = 오후 12시 4분 2초

참고

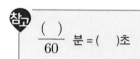

$\frac{(\quad)}{60}$ 분 = (   )초

정답 오후 12시 4분 2초

예제 3-10. 하루에 $4\frac{10}{60}$ 분씩 늦어지는 시계가 있습니다. 이 시계를 7월 20일 낮 12시 정각에 정확한 시계보다 10분 빠르게 맞추어 놓았습니다. 같은 달 7월 22일 낮 12시에 이 시계가 가리키는 시각은 몇 시 몇 분 몇 초인가요?

풀이과정

단계 ❶. 7월 20일 낮 12시 정각부터 같은 달 7월 22일 낮 12시까지는 2일입니다.

단계 ❷. 하루에 $4\frac{10}{60}$ 분 늦어지므로, 이틀 동안 늦어지는 시간은 $4\frac{10}{60} + 4\frac{10}{60} = 8\frac{20}{60}$ 분 입니다.

단계 ❸. 문제에서는 정확한 시계보다 10분 빠르게 맞춰 놓았으므로 실제로는 10분 $- 8\dfrac{20}{60}$분 $= 9\dfrac{60}{60} - 8\dfrac{20}{60} = 1\dfrac{40}{60}$분 빠릅니다.

단계 ❹. 1분 $= 60$초라는 관계식을 사용하면, $1\dfrac{40}{60}$분은 1분 40초를 얻습니다.

단계 ❺. 따라서, 7월 22일 낮 12시 정각에 이 시계가 가리키는 시각은 낮 12시 + 1분 40초 = 오후 12시 1분 40초입니다.

정답 오후 12시 1분 40초

예제 3-11. 하루에 $3\dfrac{1}{3}$분씩 늦어지는 시계가 있습니다. 어느 달 15일 오후 2시에 이 시계를 정확한 시각으로 맞췄다면, 같은 달 19일 오후 2시에 이 시계가 가리키는 시각은?

풀이과정

단계 ❶. 15일 오후 2시부터 19일 오후 2시까지는 4일입니다.

단계 ❷. 1일 동안 $3\dfrac{1}{3}$분씩 늦어지므로, 4일 동안 늦어지는 시간은 $3\dfrac{1}{3} + 3\dfrac{1}{3} + 3\dfrac{1}{3} + 3\dfrac{1}{3} = 12\dfrac{4}{3} = 13\dfrac{1}{3}$분입니다.

단계 ❸. $\dfrac{1}{3}$분은 60초의 $\dfrac{1}{3}$인 20초이므로 $13\dfrac{1}{3}$분은 13분 20초입니다.

단계 ❹. 따라서 19일 오후 2시에 이 시계가 가리키는 시각은 오후 2시 - 13분 20초 = 오후 1시 46분 40초입니다.

정답 오후 1시 46분 40초

[예제] 3-12. 제한시간 40분인 시험이 있는데, 1시에 시작해서 문제를 다 풀고 시계를 봤더니 시침과 분침의 각도가 120°였습니다. 문제를 다 푸는 데 걸린 시간은?

풀이과정

단계 ❶. 1분 동안 시침은 0.5°, 분침은 6°로 움직입니다.

단계 ❷. 문제를 다 푸는 데 걸리는 시간을 미지수 (   )로 둡니다.

단계 ❸. 시침과 분침은 1시에 시작했으니, 처음에 30°의 각을 이루고 있었습니다.

단계 ❹. 분침은 1시에 시작에서 1분에 6°를 움직이니, 문제를 다 푸는 데 걸리는 시간 동안까지, 6°×(   )만큼 움직였습니다.

단계 ❺. 시침은 1시에서 시작해서 1분에 0.5°를 움직이니, 문제를 다 푸는 데 걸리는 시간 동안까지 0.5°×(   )만큼 움직였습니다.

단계 ❻. 분침은 시침보다 더 빠른 속도로(1분에 12배만큼 더 빠름) 움직이고, 문제를 다 푸는 데 걸리는 시간에 분침과 시침이 이루는 각도는,

$6° × ($ $) - \{30° + 0.5° × ($ $)\} = 120°$

여기서부터 미지수 (   )를 찾습니다. (   ) $= 27\dfrac{3}{11}$ 분이 정답입니다.

단계 ❶. 3시에는 시침과 분침이 이루는 각은 90°라는 것을 알 수 있습니다. 3시에 시작해서, 시침과 분침이 일치한 시각을 이를 미지수 (   )로 둡니다.

단계 ❷. 시침은 1분에 0.5°, 분침은 6°를 움직이니, 3시에 출발해서 시계 분침과 시침이 일치한 (   )분 후에 분침은 6°×(   ) 만큼 움직였습니다. 3시에 출발해서 시계 분침과 시침이 일치한 (   )분 후에 시침은 0.5°×(   ) 만큼 움직였습니다.

단계 ❸. 두 움직인 각도 차이가 90°가 됩니다. 따라서, $90° + 0.5° × (   ) = 6° × (   )$,

$$(   ) = \frac{180분}{11}$$

정답 3시 $\frac{180분}{11}$

02 규칙 찾기 문제 정리

규칙을 찾아서 수를 찾는 문제들은 아이들이 수학에 관심을 가지는 데 도움이 될 수 있으며, 이 문제들을 해결하는 과정에서 수학 센스를 기르는 데에도 도움이 될 수 있습니다. 몇몇 예제를 소개하겠습니다.

예제 3-14. 아래의 수에서 규칙을 찾아서 (   ) 안에 알맞은 수를 넣으시오.

$$99 \quad 45 \quad 39 \quad 36 \quad 28 \quad 21$$
$$72 \quad 27 \quad 18 \quad 21 \quad (\quad) \quad 13 \quad 8$$

풀이과정 **1.**

위 숫자들의 배열을 보면, 첫 번째 줄의 첫 번째 자리에 있는 숫자인 99에서 두 번째 줄의 첫 번째 자리 숫자인 72를 빼면, 두 번째 줄의 두 번째 자리에 있는 숫자인 27을 얻을 수 있다는 것을 알 수 있습니다(99 - 72 = 27). 마찬가지로, 첫 번째 줄의 두 번째 자리에 있는 숫자인 45에서 두 번째 줄의 두 번째 자리 숫자인 27을 빼면, 두 번째 줄의 세 번째 자리에 있는 숫자인 18을 얻을 수 있다는 것을 알 수 있습니다(45 - 27 = 18). 이처럼 규칙을 찾으면, 36 – 21 = 15입니다.

정답 15

위 숫자들의 배열을 보면, 첫 번째 줄의 첫 번째 자리에 있는 숫자인 99 는 두 번째 줄의 첫 번째 자리 숫자인 72와 두 번째 줄의 두 번째 자리 에 있는 숫자인 27을 합치면 얻을 수 있다는 것을 알 수 있습니다(99 = 72 + 27). 마찬가지로, 첫 번째 줄의 두 번째 자리에 있는 숫자인 45는 두 번째 줄의 두 번째 자리 숫자인 27과 두 번째 줄의 세 번째 자리에 있는 숫자인 18을 합치면 얻을 수 있다는 것을 알 수 있습니다(45 = 27 + 18). 이처럼 규칙을 찾으면,

- 36 = 21 + (　　)

위 식으로부터 (　　) = 15를 얻습니다.

정답 15

예제 3-15. 괄호 안의 숫자는?

$$1\ 8\ 4\ 6\ 9\ 4\ 6\ 3\ (\quad)(\quad)$$

9×9, 8×8, 7×7, 6×6, 5×5, …를 계산한 후에, 십의 자릿수와 일의 자릿수 를 바꿔서 썼습니다. 따라서 정답은 5, 2입니다.

정답 5, 2

예제 3-16. 아래의 수에서 규칙을 찾아서 (　) 안에 알맞은 수를 넣으시오.

> 4
>
> 6 2
>
> 9 3 1
>
> 19 10 7 (　)

위 숫자들의 배열을 보면, 첫 번째 줄의 4는 두 번째 줄의 두 숫자의 차이라는 것을 알 수 있습니다(6 - 2 = 4). 두 번째 줄의 첫 번째 수인 6은 세 번째 줄의 앞의 두 숫자 9와 3의 차이라는 것을 알 수 있고(9 - 3 = 6), 두 번째 줄의 두 번째 수인 2는 세 번째 줄의 두 번째 숫자와 세 번째 숫자인 3과 1의 차이라는 것을 알 수 있습니다(3 - 1 = 2). 이처럼 규칙을 찾으면, 7 - (　) = 1에서 (　) = 6을 얻습니다.

정답 (　) = 6

예제 3-17. 아래 규칙으로 늘어놓은 분수들의 합을 대분수로 나타내면 $(a1)\dfrac{(a2)}{27}$ 라고 합니다. $a1 - a2$의 값은?

$$1\frac{15}{27}, \ 2\frac{14}{27}, \ 3\frac{13}{27}, \ \cdots, \ 13\frac{3}{27}, \ 14\frac{2}{27}, \ 15\frac{1}{27}$$

$$1+2+\cdots+14+15 + \frac{(15+14+\ \cdots\ +1)}{27} = 120\frac{120}{27} = 124\frac{12}{27}$$

정답 124 - 12 = 112

04

숫자카드 관련
문제 정리

친절한 설명식
중학수학 디딤돌

숫자카드 관련 문제들은 초등학교 수학 교과서에서 빠지지 않고 등장하는 문제들입니다. 이 문제들은 아이들이 수에 관련된 센스를 기르는 데 도움이 됩니다. 간략히 몇몇 문제들을 소개하겠습니다.

예제 4-1. 네 장의 숫자카드를 한 번씩만 사용하여 네 자릿수를 만들려고 합니다. 백의 자리 숫자가 2인 가장 작은 네 자릿수를 만드시오.

풀이과정

단계 ➊. 문제에서 요구한 것처럼 백의 자리 숫자가 2로 만들고, 나머지 숫자는 ( )로 만들어서, 네 자릿수를 만듭니다.

( ) 2 ( ) ( )

단계 ➋. 문제에서 요구하는 네 자릿수가 될 수 없는 경우를 제외합니다. 천의 자리에 0을 넣으면 네 자릿수가 안 되므로, 천의 자리 숫자에는 0이 되지 않는다는 것을 파악합니다.

단계 ➌. 천의 자리 숫자에 들어갈 수 있는 수를 생각합니다. 가장 작은 숫자를 만들려면, 천의 자리에 0을 제외한 수 중에서 가장 작은 수를 넣어야 하므로, 5와 8 두 가지 가능한 수 중 5를 넣어야 한다는 것을 알 수 있습니다.

5 2 ( ) ( )

단계 ➍. 십의 자리 숫자와 일의 자리 숫자에 넣을 수 있는 수들을 생각합니다. 그러면

5208, 5280 두 가지 숫자가 가능합니다.

단계 ❺. 결론을 내립니다. 가능한 5208, 5280 중에서, 둘 중에 작은 수는 5208이라는 것을 알 수 있습니다.

정답 5208

예제 4-2. 아래 숫자카드 중에서 2장을 골라 가분수를 만들려 합니다. 만들 수 있는 가분수는 모두 몇 개인가요?

풀이과정

단계 ❶. 가분수는 분자 = 분모, 분자 〉분모인 분수를 가분수라고 합니다.

단계 ❷. 분자 = 분모인 경우는 없습니다.

분자 〉분모인 경우는,

$$\frac{8}{3}, \frac{6}{3}, \frac{4}{3}, \frac{8}{6}, \frac{8}{4}, \frac{6}{4}$$

정답 6개

예제 4-3. 숫자카드를 한 번씩 사용하여 만들 수 있는 곱이 가장 큰 세 자릿수×두 자릿수의 곱을 찾으시오.

1 3 4 6 8

풀이과정

단계 ❶. 문제에서 요구한 것처럼, 먼저 세 자릿수×두 자릿수를 씁니다.

$$
\begin{array}{r}
(\quad)(\quad)(\quad) \\
\times \qquad (\quad)(\quad) \\
\hline
\end{array}
$$

단계 ❷. 단계 1의 곱셈에서 답이 가장 크게 되려면, 세 자릿수의 백의 자릿수와 두 자릿수의 십의 자릿수에 어떤 숫자들을 넣을 것인가 파악합니다.
답의 수가 가장 크게 되려면, 세 자릿수의 백의 자릿수와 두 자릿수의 십의 자릿수에 가장 큰 수들을 넣어야 한다는 것을 알 수 있습니다. 문제에서 주어진 다섯 가지 수 중에서 가장 큰 숫자들은 6과 8입니다.

단계 ❸. 세 자릿수의 백의 자릿수와 두 자릿수의 십의 자릿수에 6을 넣을지, 8을 넣을지 가늠해봅니다.

$$
\begin{array}{r}
8\ (\quad)(\quad) \\
\times \qquad 6\ (\quad) \\
\hline
\end{array}
\qquad
\begin{array}{r}
6\ (\quad)(\quad) \\
\times \qquad 8\ (\quad) \\
\hline
\end{array}
$$

위 두 가지 곱셈식을 비교해봅니다. 800×600이나 600×800이나 모두 4800으로 같습니다. 그러면 각각의 경우에 대해서, 어떤 수들을 넣어야 곱이 가장 큰지 알아보겠습니다.

$$
\begin{array}{r}
8\ (\quad)(\quad) \\
\times \qquad 6\ (\quad) \\
\hline
\end{array}
$$

이 경우에는, 두 수의 곱의 결과가 가장 크려면, 8 (   ) (   )의 십의 자리에 나머지 카드의 수들인 1, 3, 4 중에서 가장 큰 수인 4를 넣어야 한다는 것을 알 수 있습니다.

$$
\begin{array}{r}
84\ (\quad) \\
\times \quad 6\ (\quad) \\
\hline
\end{array}
$$

나머지 일의 자리들 수에 1, 3을 어떻게 넣어야 곱이 가장 커지는지 판단해봅니다.

$$
\begin{array}{r}
843 \\
\times \quad 61 \\
\hline
\end{array}
\quad 경우와 \quad
\begin{array}{r}
841 \\
\times \quad 63 \\
\hline
\end{array}
$$

두 가지 경우가 있는데, 각각의 경우에 대해 곱셈 연산을 수행하면,

$$
\begin{array}{r}
843 \\
\times \quad 61 \\
\hline
843 \\
5058 \\
\hline
51423 \\
\end{array}
\qquad
\begin{array}{r}
841 \\
\times \quad 63 \\
\hline
2523 \\
5046 \\
\hline
52983 \\
\end{array}
$$

그러므로 오른쪽 곱셈이 더 곱셈의 결과가 더 크게 된다는 것을 알 수 있습니다.

두 번째 경우는 1, 3, 4의 숫자들을 아래 (　)에 넣는 경우인데,

$$
\begin{array}{r}
6\ (\ \ )(\ \ ) \\
\times\qquad 8\ (\ \ ) \\
\hline
\end{array}
$$

위와 같은 논리에 의해, 첫 번째 숫자의 6 (　) (　)의 십의 자리 숫자에는 1, 3, 4 중에 가장 큰 숫자인 4가 들어간다는 것을 알 수 있습니다.

$$
\begin{array}{r}
6\ 4\ (\ \ ) \\
\times\qquad 8\ (\ \ ) \\
\hline
\end{array}
\qquad
\begin{array}{r}
6\ 4\ (\ \ ) \\
\times\qquad 8\ (\ \ ) \\
\hline
\end{array}
$$

그러면 나머지 1, 3을 어떻게 넣어야 곱셈이 가장 큰지 판단해봅니다.

$$
\begin{array}{r}
641 \\
\times\quad 83 \\
\hline
1923 \\
5128 \\
\hline
53203
\end{array}
\qquad
\begin{array}{r}
643 \\
\times\quad 81 \\
\hline
643 \\
5144 \\
\hline
52083
\end{array}
$$

정답 53203

예제 4-4. 숫자카드를 한 번씩만 사용하여 세 자릿수 ÷ 두 자릿수의 몫이 가장 크도록 나눗셈식을 만들려고 합니다. 이때 몫과 나머지를 찾으시오.

몫이 가장 크려면, 나눠지는 수가 가장 크고, 나누는 수는 가장 작아야 합니다. 가장 큰 세 자릿수는 976, 가장 작은 두 자릿수는 24이므로,

$976 \div 24 = 40 \cdots 16$

정답 몫은 40, 나머지는 16

예제 4-5. 아래 숫자카드 중 3장을 뽑아 1번씩 모두 사용하여 1보다 작은 소수 두 자릿수를 만들 때, 만들 수 있는 가장 큰 수와 둘째로 큰 수를 합친 값은?

가장 큰 수는 0.75, 둘째로 큰 수 0.72가 됨을 알 수 있습니다. 따라서, 그 합은 1.47이 됩니다.

정답 1.47

예제 4-6. 6장의 숫자카드를 모두 한 번씩 사용하여 차가 가장 작은 대분수의 뺄셈식을 만들어 답을 찾으려 합니다(대분수의 분모는 모두 같습니다).

$$6 \quad 3 \quad 9 \quad 4 \quad 9 \quad 1$$

풀이과정 1.

분모가 같으므로 분모는 수가 같은 카드 2장이 있는 9가 되고, 차가 가장 작아지려면 자연수 부분의 차가 작도록 대분수를 만들어야 합니다.

따라서, $4\dfrac{1}{9} - 3\dfrac{6}{9} = 3\dfrac{10}{9} - 3\dfrac{6}{9} = \dfrac{4}{9}$ 입니다.

풀이과정 2.

차가 가장 작은 두 수는 3과 4입니다. 자연수 부분이 4이고, 분모가 9인 가장 작은 분수는 $4\dfrac{1}{9}$ 입니다. 나머지 숫자카드로 만들 수 있는 분수 중에서 자연수 부분이 3이고, 분모가 9인 분수는 $3\dfrac{6}{9}$ 입니다.

따라서, $4\dfrac{1}{9} - 3\dfrac{6}{9} = 3\dfrac{10}{9} - 3\dfrac{6}{9} = \dfrac{4}{9}$ 입니다.

퀴즈

01. 머리를 식히며 퀴즈를 내고자 합니다.

> 3명의 선교사와 3명의 식인종이 강의 한쪽에 있습니다. 두 명이 정원인 보트를 타고 모두가 반대쪽으로 건너가려고 합니다. 식인종이 선교사보다 많으면 그들을 모두 잡아먹습니다. 선교사 3명이 모두 잡아먹히지 않고 강을 건너게 하려면?

0을 선교사, x를 식인종을 나타내는 기호라고 약속하겠습니다. 그러면, '000 xxx' 이렇게 강의 한쪽에 있습니다. 먼저, 선교사들이 빨리 건너가려고 2명의 선교사가 정원이 2명인 보트를 타고 반대쪽으로 가려고 하는 순간, 남은 선교사 1명이 식인종 3명과 같이 있게 되므로, 남은 선교사 1명은 식인종들에 의해 잡아먹히게 됩니다. 그러면 어떤 방법을 통해서 선교사 3명이 한 명도 잡아먹히지 않고 다른 쪽으로 갈 수 있을까요?

이 문제는, '0x0x　　0x' 되게 만드는 것이 핵심입니다. 이처럼 만들고, 왼쪽의 선교사 두 명이 보트를 타고 오른쪽으로 건너가면 문제가 해결됩니다. 그러면 연습해 보시길 바랍니다. 답은 아래와 같습니다(0은 선교사, x는 식인종).

000xx	x
000	xxx
000x	xx
0x	00xx
0x0x	0x
xx	000x

05

도형 관련 정리
: 평면도형과 입체도형

친절한 설명식
중학수학 디딤돌

초등학교 수학과정에서는 도형을 삼각형, 사각형 등과 같은 평면도형과 원기둥, 원뿔 등과 같은 입체도형으로 나누어 그 특징에 대해 간략히 배웠습니다. 평면도형에 대해서는 삼각형, 사각형, 오각형, 육각형의 특징에 대해서 배웠으며, 몇몇 도형의 용어를 배웠습니다. 중학교 수학과정에서는 이에 대해 조금 더 자세히 배우게 됩니다. 이를 간략히 소개하겠습니다.

초등학교 수학과정 동안 삼각형과 그 종류에 대해 배웠는데 간략히 복습하겠습니다.

1) 삼각형: 이등변 삼각형과 정삼각형

세 개의 변과 세 개의 각을 가지고 있는 도형을 삼각형(三角形, triangle)이라고 하는데, 변의 길이 2개가 같으면 이등변 삼각형(二等邊 三角形, isosceles triangle)이라고 부르고, 세 개 모두 같으면 정삼각형(正三角形, right/equiangular triangle)이라고 부릅니다. 참고로 이등변은 한자로 '두 개의 변이 같다'는 의미입니다. 정삼각형에서 정(正)은 '바를 정'으로 정삼각형은 세모 반듯한 세 각을 가진 도형이라는 의미입니다.

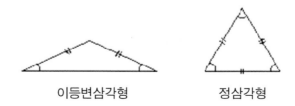

이등변삼각형   정삼각형

2) 두 변이 만드는 각의 크기에 따른 삼각형의 종류

두 변이 만든 각의 크기가 90°보다 작으면 예각(銳角, acute angle)이라고 하는데,

세 각 모두 예각으로 만들어진 삼각형을 예각 삼각형이라고 합니다. 두 변이 만든 각의 크기가 90°이면 직각(直角, right angle)이라고 하고, 직각을 가지고 있는 삼각형을 직각삼각형이라고 합니다. 두 변이 만든 각의 크기가 90°보다 크면 둔각(鈍角, obtuse angle)이라고 하고 이 둔각이 있는 삼각형을 둔각 삼각형이라고 합니다.

3) 삼각형의 합동(合同)

초등학교 수학과정 동안에, '두 도형이 크기와 모양이 완전히 같아서 서로 완전히 포개어질 때, 두 도형은 합동(合同, congruence)이라고 부릅니다'라고 배웠습니다. 합동인 두 도형에서 서로 포개어지는 각, 변, 점 등은 서로 대응한다고 합니다.

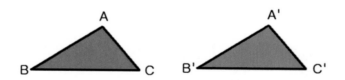

중학교 수학과정에서는 삼각형 ABC와 삼각형 A′B′C′이 합동이면, 아래와 같은 기호를 사용합니다.

$$\triangle ABC \equiv \triangle A'B'C'$$

이때 대응되는 꼭짓점을 맞춰서 적어줘야 합니다. 중학교 수학과정에서는 삼각형의 합동조건에 대해 자세히 배우게 됩니다. 이에 관련된 설명은 생략하겠습니다.

초등학교 4학년 때, 삼각형, 사각형, 오각형의 내각의 크기의 합에 대해 간략히 배웠습니다. 중학교 수학과정에서도 이 내용은 배우게 되는데, 내각의 크기의 합을 그냥 공식처럼 외우기보다는 아래와 같은 방법을 통해 얻는 연습을 하는 게 필요합니다.

삼각형, 사각형, 오각형, 육각형 네 각의 크기의 합

도형	내각의 크기의 합
삼각형	$180°$
사각형	$360° = 180° \times 2$
오각형	$540° = 180° \times 3$
육각형	$720° = 180° \times 4$
n 각형	$180° \times (n-2)$

보충설명 삼각형 세 각의 크기는 $180°$라는 것을 알면, 사각형, 오각형, 육각형 등의 내각의 크기의 합을 찾을 수 있습니다.

어떤 사각형도 위 그림과 같이 한 꼭짓점을 잡아서 대각선을 그으면 두 개의 삼각형의 합으로 표현할 수 있습니다. 삼각형 내각의 총합은 $180°$이니, 사각형 내각의 총합은 위 그림을 보면, 두 개의 삼각형 내각의 총합과 같다는 것을 알 수 있고, 따라서 $180° \times 2 = 360°$를 얻습니다.

오각형도 위 그림과 같이 한 꼭짓점을 잡아서 대각선을 두 개 그으면, 세 개의 삼각형의 합으로 표현할 수 있습니다. 삼각형 내각의 총합이 180°이니, 오각형 내각의 총합은 세 개의 삼각형 내각의 총합이므로 $180° \times 3 = 540°$를 얻습니다. 또 다른 방법은,

위와 같이 한 꼭짓점에서 대각선을 한 개 그으면, 한 개의 삼각형과 한 개의 사각형의 합으로 표현할 수 있습니다. 삼각형 내각의 총합은 180°, 사각형 내각의 총합은 앞에서 설명한 360°이므로, $180° + 360° = 540°$를 얻습니다.

육각형도 위 그림과 같이 대각선을 두 개 그으면, 네 개의 삼각형의 합으로 표현할 수 있습니다. 삼각형 내각의 총합이 180°이니, 네 개의 삼각형 내각의 총합이므로 $180° \times 4 = 720°$를 얻습니다. 또 다른 방법은 한 꼭짓점에서 대각선 한 개 그으면, 한 개의 삼각형과 한 개의 오각형의 합으로 표현할 수 있습니다. 삼각형 내각의 총합은 180°, 오각형 내각의 총합은 앞에서 설명한 540°이니, $180° + 540° = 720°$를 얻습니다.

칠각형 이상의 도형 내각의 크기 총합에 대해서도 위와 같은 방법으로 연습해 보길 바랍니다. 그러면 n 각형에 대해서는 내각 크기의 합이 $180° \times (n - 2)$가 된다는 것을 알 수 있습니다. 설명은 생략하겠습니다.

4) 원(圓, circle) 및 사각형 관련 용어 정리

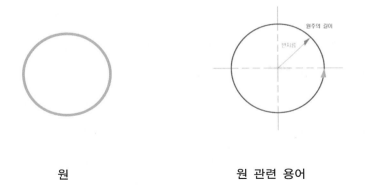

원   원 관련 용어

초등학교 수학 시간에 원, 원주율, 원의 넓이, 원의 둘레의 길이에 대해 배웠습니다. 이는 중학교 수학과정에도 계속 활용되니 간략히 정리하도록 하겠습니다.

우리 주변에서 둥글게 생긴 모양이나 형태를 흔히 볼 수 있습니다. 예를 들면, 태양, 동전, 원 모양의 시계 등을 들 수 있습니다. 이렇게 둥글게 생긴 모양이나 형태를 원(圓, circle)이라고 부르는데, 수학에서는 원(圓)을 아래와 같이 약속합니다.

(1) 원(圓, circle)

평면 위의 한 점으로부터 일정한 거리에 있는 점들을 모아보면 원이 그려집니다. 이때 기준인 점을 원의 중심이라고 하며, 원의 중심과 원 위의 한점을 연결한 선분을 원의 반지름이라고 합니다.

원에 관련된 용어를 아래와 같이 정리하겠습니다.

① **원주**(圓周, circumference): 원의 둘레를 원주라고 합니다.

② **원주율**(圓周率, ratio of the circumference of a circle to its diameter): 원의 크기와 관계없이 지름에 대한 둘레의 길이의 비는 항상 일정하며 이는 약 3.14의 값을 가집니다. 원주율의 정확한 값은 3.141592…와 같이 소수점 아래로 한없이 계속되는 소수입니다.

③ **원의 넓이**: 반지름의 길이 × 반지름의 길이 × 원주율

④ **원의 둘레(원주)의 길이**: 2 × 반지름의 길이 × 원주율

(2) 사각형 관련 용어 정리

초등학교 수학 시간에 도형에 관련해서는 사각형, 사다리꼴, 평행사변형, 마름모, 직사각형, 정사각형 및 도형 관련 용어를 배웠습니다. 중학교 수학 시간에서는 이 도형의 성질 및 관계에 대해서 조금 더 자세히 배우게 됩니다. 이를 다음 표로 정리해 보겠습니다.

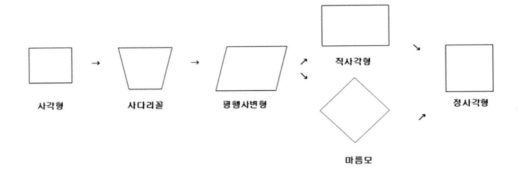

평면도형	약속	성질
사각형	네 개의 변과 네 개의 꼭짓점을 가지는 다각형	
사다리꼴	한 쌍의 대변이 평행인 사각형	
평행사변형	두 쌍의 대변이 평행인 사각형	• 두 쌍의 대각이 같음 • 두 대각선이 서로 다른 것을 이등분
직사각형	네 각의 크기가 모두 같은 사각형	• 두 대각선의 길이가 같음 • 두 대각선이 서로 다른 것을 이등분
마름모	네 변의 길이가 모두 같은 사각형	두 대각선이 서로 수직 이등분
정사각형	네 변의 길이가 모두 같고, 네 내각이 직각인 사각형	• 두 대각선의 길이가 같음 • 두 대각선이 서로 수직 이등분

 위 테이블에서 수직 이등분이라는 용어가 나오는데, 수선과 수직 이등분선이라는 용어에 대해 그 차이점에 대해 모르는 아이들이 종종 있어, 그 차이에 대해 정리하면 아래와 같습니다.

수선과 수직 이등분선의 차이

• 수선 : 수직이 되게 내리는 선
• 수직 이등분선 : 한 변 또는 한 선분의 중점을 지나면서 그 선분 또는 변에 수직인 직선. 즉, 어느 변 또는 선분에 수직이 되게 내리는 선인데, 그 변 또는 선분이 반이 되게 내리는 선을 수직 이등분선이라고 합니다.

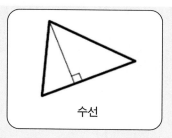

수선

수선의 한 예를 들면 위 그림과 같습니다. 삼각형의 한 꼭짓점에서 그 대응되는 변에 수선을 그어보았습니다.

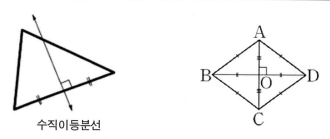

수직이등분선

수직 이등분선의 예들을 들면 위와 같습니다. 왼쪽 그림은 삼각형 한 변의 중점을 지나면서 그 변에 수직인 직선을 그어보았습니다. 마름모에서 두 대각선인 변 AC 와 BD가 서로 수직 이등분함을 오른쪽 그림으로 나타냈습니다.
아래 표로 각 도형 간의 관계를 정리해 보겠습니다.

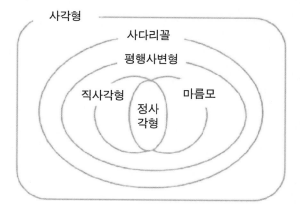

예제 5-1. 사각형 사이의 관계를 바르게 설명한 것은 어느 것인가요?

1) 직사각형은 정사각형입니다.

2) 마름모는 직사각형입니다.

3) 사다리꼴은 마름모입니다.

4) 정사각형은 마름모입니다.

5) 사다리꼴은 평행사변형입니다.

풀이과정

① 직사각형은 네 변의 길이가 같을 필요는 없으므로, 정사각형이라고 할 수 없습니다.

② 마름모는 네 각의 크기가 모두 90°일 필요는 없습니다. 따라서 마름모는 직사각형일 필요는 없습니다. 물론 네 각의 크기가 90°인 마름모도 있습니다. 그 마름모는 네 변의 길이가 같고, 네 각의 크기가 같으므로 정사각형이라고 합니다.

③ 사다리꼴은 네 변의 크기가 같을 필요는 없습니다. 따라서 마름모라고 할 수 없습니다.

④ 정사각형은 네 변의 길이가 같으므로 마름모라고 할 수 있습니다.

⑤ 사다리꼴은 두 쌍의 대변이 평행할 필요는 없습니다. 한 쌍의 대변만 평행만 하면 됩니다. 따라서 평행사변형이라고 할 수는 없습니다.

 정답 ④

02 입체도형의 겉넓이와 부피: 직육면체, 정육면체, 원기둥, 원뿔, 구

초등학교 5학년 수학 시간 때 입체도형인 직육면체, 정육면체의 겉넓이와 부피를, 초등학교 6학년 수학 시간 때 입체도형인 원기둥, 원뿔, 구의 겉넓이와 부피에 대해서 간략히 배웠습니다. 직육면체, 정육면체, 원기둥, 원뿔, 구는 기둥, 아파트, 음료수 캔, 주사위 등 우리 주변에서 흔히 볼 수 있습니다. 초등학교 수학 시간에서는 원기둥의 겉넓이와 부피에 대해서 배웠는데, 중학교 수학과정에서는 이들 입체도형에 대해 조금 더 체계적으로 자세히 배우게 됩니다. 이에 대해 간략히 정리 및 소개해 보겠습니다.

입체도형의 겉넓이와 부피의 개념 차이를 알아보면, 겉넓이는 물체의 겉에 있는 넓이 또는 물체의 바깥의 넓이를 의미하는 반면, 부피는 공간에서 물체가 얼마만큼 차지하느냐의 개념이라는 점입니다.

그러면 이 겉넓이나 부피 등은 왜 배우는 것일까요? 각각의 입체도형의 겉넓이나 부피 같은 것을 정확히 알게 되면 우리 주변에서 흔히 볼 수 있는 기둥, 아파트, 음료수 캔, 축구공 등의 재료비나 포장비 등을 적은 비용으로 효과적으로 설계하는 데 매우 유용하게 활용될 수 있기 때문입니다. 그러면, 이를 간략히 정리해 보겠습니다.

1) 직육면체(直六面體, rectangular parallelepiped)의 겉넓이와 부피

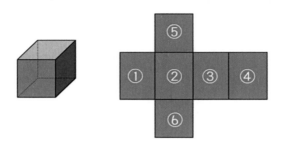

직육면체와 전개도(展開圖)

전개도(展開圖, development figure)는 입체를 평면으로 펼쳐서 그린 도형을 의미하는데, 직육면체의 전개도를 그리면 위의 오른쪽 그림과 같습니다. 직육면체의 겉넓이를 찾는 방법에는 여러 가지 방법이 있습니다. 위 전개도를 보면 알 수 있듯이, 직육면체는 여섯 면의 넓이의 합이고, 각각의 면은 직사각형입니다. 직사각형의 넓이는 가로의 길이와 세로의 길이를 곱하면 얻을 수 있으므로 이를 이용하면 쉽게 겉넓이를 찾을 수 있습니다. 또 다른 방법은 위 전개도를 보면 알 수 있듯이, 직육면체의 겉넓이는 두 개의 밑면 5와 6의 넓이와 면 1, 2, 3, 4로 구성된 커다란 한 개의 직사각형의 넓이를 더해서 얻을 수 있습니다. 면 1, 2, 3, 4로 구성된 커다란 한 개의 직사각형은 직육면체의 옆면으로 볼 수 있으므로, 직육면체의 겉넓이는 아래의 식으로 구합니다.

• 직육면체의 겉넓이 = 여섯 면의 넓이의 합 = (한 밑면의 넓이) × 2 + 옆면의 넓이

2) 정육면체

정육면체(正六面體, cube, regular hexahedron)는 직육면체의 여섯 면이 모두 합동이므로, 그 겉넓이는 한 면의 넓이의 6배와 같습니다. 아래 식으로 쓸 수 있습니다.

> - 정육면체의 겉넓이 = 한 밑면의 넓이 × 6
> - 정육면체의 부피 = 가로의 길이 × 세로의 길이 × 높이 = 한 모서리의 길이 × 한 모서리의 길이 × 한 모서리의 길이

이를 표로 정리하면 아래와 같습니다.

• **직육면체와 정육면체의 겉넓이와 부피**

입체도형	겉넓이	부피
직육면체	(1) 여섯 면의 넓이의 합 (2) 한 밑면의 넓이 × 2 + 옆면의 넓이	한 밑면의 넓이 × 높이 = 가로의 길이 × 세로의 길이 × 높이
정육면체	한 밑면의 넓이 × 6	한 모서리의 길이 × 한 모서리의 길이 × 한 모서리의 길이

3) 원기둥(Cylinder)의 겉넓이와 부피

위, 아래 면이 서로 평행이고 합동인 원으로 구성된 입체도형을 원기둥이라고 합니다.

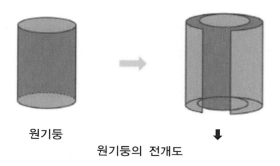

원기둥

원기둥의 전개도

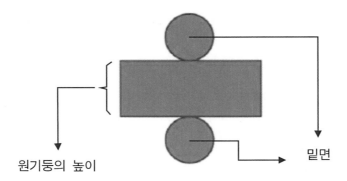

원기둥의 높이   밑면

위 전개도를 보면, 원기둥의 겉넓이는 밑면인 두 개의 원의 넓이와 옆넓이의 합으로 구성되어 있는데, 옆넓이는 직사각형의 넓이로, 세로의 길이는 원기둥의 높이로 주어졌고, 가로의 길이는 밑면의 원주의 길이와 같다는 것을 알 수 있으며, 이로부터 옆넓이를 쉽게 찾을 수 있습니다.

초등학교 6학년에서는 원기둥의 겉넓이와 부피에 대해서만 나와 있는데, 원뿔과 구에 대해서는 어떤 특징을 가졌는지에 대해서만 배웠고, 겉넓이와 부피에 대해서는 중학교 수학과정에서 배우게 됩니다. 이를 표로 정리하면 아래와 같습니다. 중학교 수학과정에서 앞으로 배우게 될 원뿔과 구의 겉넓이와 부피의 공식은 다음 페이지 표의 파란색 부분이며 자세한 내용은 생략하겠습니다.

입체도형	겉넓이	부피
원기둥	밑면의 넓이 $\times 2$ + 옆넓이	(한 밑면의 넓이) $\times$ 높이 = (원주율 $\times$ 반지름의 길이 $\times$ 반지름의 길이) $\times$ 높이
원뿔	옆면의 넓이 + 밑넓이	한 밑면의 넓이 $\times$ 높이 $\times \dfrac{1}{3}$
삼각뿔	옆면의 넓이 + 밑넓이	한 밑면의 넓이 $\times$ 높이 $\times \dfrac{1}{3}$
사각뿔	옆면의 넓이 + 밑넓이	한 밑면의 넓이 $\times$ 높이 $\times \dfrac{1}{3}$
구	$4 \times$ 원주율 $\times$ 반지름의 길이 $\times$ 반지름의 길이	$\dfrac{4}{3} \times$ 원주율 $\times$ 반지름의 길이 $\times$ 반지름의 길이 $\times$ 반지름의 길이

4) 원뿔의 겉넓이와 부피

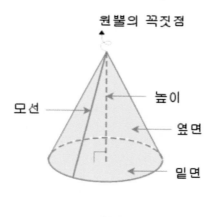

원뿔

원뿔(Cone) 관련 용어

- 밑면: 원뿔 아래에 있는 면
- 옆면: 옆으로 둘러싸인 면
- 원뿔의 꼭짓점: 원뿔의 뾰족한 점
- 모선(母線): 원뿔의 꼭짓점과 밑면의 원둘레의 한 점을 이은 선분
- 높이: 원뿔의 꼭짓점에서 밑면에 수직으로 그은 선분의 길이

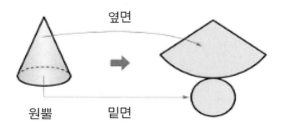

원뿔의 전개도

원뿔의 겉넓이는 위 전개도에서 보면, 옆넓이와 밑넓이의 합으로 구성되어 있는데, 옆넓이는 부채꼴 모양으로 부채꼴의 넓이에 대해서는 중학교 수학과정에서 자세히 학습하게 될 것입니다. 설명은 생략하겠습니다.

초등학교 6학년 때 각기둥과 각뿔의 성질에 대해 간략히 배웠는데, 중학교 수학과정에서는 입체도형에 대해 각기둥, 각뿔, 각뿔대라는 용어로 분류해서 체계적으로 배우게 됩니다. 용어를 간단히 소개하겠습니다.

앞에서 원기둥은 밑면이 원인 기둥 모양의 입체도형이라고 했습니다. 그런데 기둥 모양은 기둥 모양인데, 밑면이 원이 아니라 삼각형, 사각형, 오각형 등과 같은 모양의 입체도형이 있습니다. 이를 각기둥이라고 하는데, 이를 간략히 소개하겠습니다.

5) 각기둥

(1) 각기둥의 개념

위, 아래 두 면이 서로 평행이고, 합동인 삼각형, 사각형, 오각형 등으로 구성된 기둥 모양의 입체도형을 각기둥이라고 하고, 밑면의 모양에 따라서 삼각기둥, 사각기둥, 오각기둥이라고 합니다.

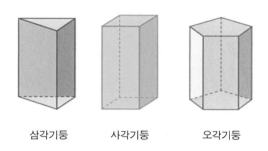

삼각기둥   사각기둥   오각기둥

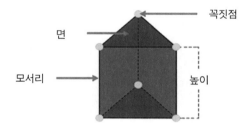

각기둥 관련 용어

- 꼭짓점: 모서리와 모서리가 만나는 점
- 높이: 두 밑면 사이의 거리
- 모서리: 면과 면이 만나는 선분
- 각기둥의 옆면: 각기둥의 밑면에 수직인 면, 항상 직사각형
- 각기둥의 밑면: 서로 평행하고 나머지 다른 면에 수직인 두 면

(2) 각기둥의 꼭짓점, 면, 모서리의 수

구분	한 밑면의 변의 수	꼭짓점 수	면의 수	모서리 수
삼각기둥	3	$3 \times 2 = 6$	$3 + 2 = 5$	$3 \times 3 = 9$
사각기둥	4	$4 \times 2 = 8$	$4 + 2 = 6$	$4 \times 3 = 12$
⋮	⋮	⋮	⋮	⋮
n 각기둥	n	$n \times 2$	$n + 2$	$n \times 3$

6) 각뿔(pyramid)

(1) 각뿔의 개념

밑면이 삼각형, 사각형, 오각형 등이고, 옆면이 모두 삼각형인 입체도형을 각뿔이라고 합니다. 밑면의 모양에 따라서 삼각뿔, 사각뿔, 오각뿔로 부릅니다.

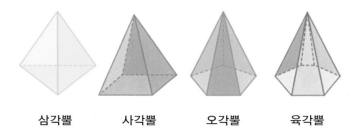

삼각뿔   사각뿔   오각뿔   육각뿔

> **각뿔 관련 용어**
> - 모서리 : 면과 면이 만나는 선분
> - 꼭짓점 : 모서리와 모서리가 만나는 점
> - 각뿔의 꼭짓점 : 꼭짓점 중에서도 옆면을 이루는 모든 삼각형이 만나는 점
> - 높이 : 각뿔의 꼭짓점에서 밑면에 수직인 선분

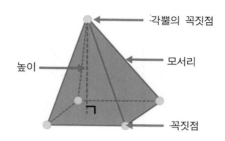

높이 ← 모서리

각뿔의 꼭짓점

꼭짓점

(2) 각뿔의 꼭짓점, 면, 모서리의 수

구분	한 밑면의 변의 수	꼭짓점 수	면의 수	모서리 수
삼각뿔	3	$3 + 1 = 4$	$3 + 1 = 4$	$3 \times 2 = 6$
사각뿔	4	$4 + 1 = 5$	$4 + 1 = 5$	$4 \times 2 = 8$
⋮	⋮	⋮	⋮	⋮
n 각뿔	n	$n + 1$	$n + 1$	$n \times 2$

각기둥과 각뿔의 차이점은 아래와 같습니다.

• 각기둥과 각뿔의 차이점

구분	각기둥	각뿔
밑면의 수	2개	1개
옆면의 모양	직사각형	삼각형

7) 각뿔대

각뿔을 밑면에 평행인 평면으로 잘라서 생기는 두 입체도형 중에서 각뿔이 아닌 입체도형을 각뿔대라고 하고, 밑면의 모양에 따라서 삼각뿔대, 사각뿔대, 오각뿔대라고 합니다.

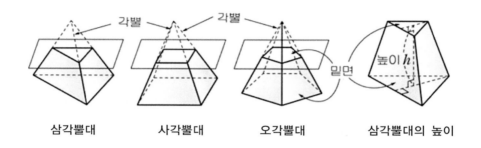

삼각뿔대 사각뿔대 오각뿔대 삼각뿔대의 높이

구(球, Sphere)의 경우 겉넓이와 부피를 구하는 원리는 이 책의 수준을 넘어가므로 최종 공식만 테이블에 적어놓고 설명은 생략합니다.

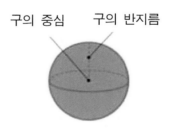

구의 중심   구의 반지름

퀴즈

기원전 2560년 무렵 세워진 이집트 쿠푸 왕의 묘인 피라미드는 완공하는데 약 20년이 걸린 대(大) 피라미드로 불립니다. 피라미드는 고대 이집트 왕의 무덤으로, 이집트어로 '경사진 집'이란 뜻입니다.

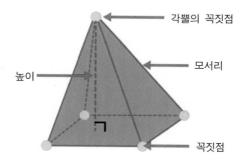

피라미드는 이집트의 사막에 세워졌고, 지금도 우리가 볼 수 있는 고대의 유물 중 하나입니다. 세계 7대 불가사의의 하나로, 석회암으로 된 평균 2.5톤이나 되는 돌 230만 개가 사용되었고, 밑변의 길이는 약 228m, 높이는 약 146m입니다.

피라미드는 사각뿔의 모양이며, 사각뿔의 높이는 위 그림에서 보면 알 수 있듯이, 각뿔의 꼭짓점에서 밑면에 수선을 그었을 때 그 수선의 길이를 높이라고 약속합니다. 그러면 이 엄청난 건축물인 피라미드의 높이는 어떻게 알아낼 수 있을까요? 이집트 파라오(이집트어로 왕을 뜻하는 왕의 칭호)가 피라미드의 높이를 계산해 달라는 요청을 받은 탈레스는 짧은 막대기 하나로 피라미드의 높이를 계산하였습니다. 탈레스는 막대기와 막대기 그림자의 길이가 같은 시각 피라미드의 그림자의 길이를 재어 그의 비례를 이용해 피라미드의 높이를 알아내었습니다. 탈레스가 사용한 비례식은 아래와 같습니다.

• **피라미드의 높이** : 피라미드 그림자의 길이 = 막대기의 길이 : 막대기 그림자의 길이

이와 같은 획기적인 방법을 통해 피라미드의 높이를 측정하였고, 탈레스가 사용한 비례식의 원리는 여러 분야에 광범위하게 활용되고 있습니다. 위 비례식에서 앞에서 설명해 드린 비례식의 성질(내항의 곱 = 외항의 곱)을 활용하면 쉽게 피라미드 높이를 알아낼 수 있습니다. 참고로, 막대기의 길이, 막대기 그림자의 길이, 피라미드 그림자의 길이는 측정 가능합니다.

그동안 초등학교 3학년 가우스의 획기적인 계산법, 탈레스의 이집트 피라미드의 높이 측정 원리 등과 같은 외국 예만 들었는데, 우리나라 역사에는 수학의 원리와 이를 실생활에 응용한 것에 관련된 업적의 예가 전혀 없을까요? 그렇지 않습니다. 우리나라의 역사에도 삼국시대 신라 선덕여왕 때 만들어진 첨성대, 세종대왕 때 만들어진 측우기 등 수학의 원리 및 실생활에의 응용에 관련된 업적들이 있습니다. 천문대나 측우기에 들어 있는 원리 설명은 관련 분야의 다양한 관련 서적들을 참고하시고, 설명은 생략하겠습니다.

통계(統計, Statistics)

친절한 설명식
중학수학 디딤돌

01 개요

우리는, 일상생활에서 또는 뉴스나 신문에서 우리나라 고령화 인구수, 각 시도별 인구수, 강수량 통계자료, 학교 내 여학생 수, 백화점의 매출액 등 숫자들이 의미 있게 정리된 표를 흔히 접할 수 있습니다. 이처럼 수나 단어 등으로 된 의미 단위를 '자료'라고 합니다. 자료를 의미 있게 정리하면 한 나라의 정책을 마련하거나 예산을 짜거나 기업의 제품 판매 전략을 효과적으로 세울 수 있습니다. 통계는 자료를 의미 있게 정리하여 의사결정에 필요한 질 좋은 정보를 얻어내는 것을 배우는 학문이라고 간략하게 말을 할 수 있고, 19세기에 영국을 중심으로 유럽에서 발전하여 원래는 국가의 살림을 꾸려 나가는 데 필요한 자료를 체계적으로, 그리고 과학적으로 얻어내는 데 필요한 국가산술학이였습니다. 19세기 후반에는 국가 산술의 영역뿐 아니라 기업경영, 사회과학, 자연과학, 공학 등 여러 분야에 유용하게 활용되고 있지요. 초등학교 수학과정에서는 통계의 막대 그래프, 히스토그램, 띠 그래프, 원 그래프, 비율 그래프 등에 대해 간략히 배웠었지요. 중학교 수학과정에 대해서는 이에 대해 조금 더 자세히 배우게 됩니다. 이에 대해 간략히 정리해 보겠습니다.

02 그래프

자료를 분석하여 그 변화를 한 눈에 알아볼 수 있도록 직선, 곡선, 띠 또는 원 모양으로 의미 있게 정리해 나타낸 것입니다.

1) 띠 그래프

전체에 대한 각 부분의 비율을 띠 모양으로 나타낸 그래프. 전체를 100으로 하여 전체에 대한 부분의 비율을 그래프로 나타냅니다.

예제 6-1. 민영이네 학교 학생들의 취미생활을 조사하여 아래 표를 얻었습니다.

취미생활	운동	영화감상	음악감상	게임	독서	계
학생 수(명)	15명	12명	12명	6명	5명	50명

이를 띠 그래프로 표현해보세요.

조사한 표로부터 전체에 대한 각 취미생활의 비율 및 퍼센트를 찾을 수 있습니다.

취미생활	운동	영화감상	음악감상	게임	독서	계
비율	$\dfrac{15}{50}$	$\dfrac{12}{50}$	$\dfrac{12}{50}$	$\dfrac{6}{50}$	$\dfrac{5}{50}$	1
백분율(%)	30%	24%	24%	12%	10%	100%

각 항목의 백분율 합계가 100%가 되는지 확인합니다. 이 예제에서는 30 + 24 + 24 + 12 + 10 = 100이 됨을 알 수 있습니다. 각 항목이 차지하는 백분율만큼 띠를 나누고, 나눈 띠 위에 각 항목의 명칭을 쓰고 백분율의 크기를 적습니다. 그러면, 다음과 같이 띠 모양으로 크기순으로 나타내는 띠 그래프를 얻습니다.

- 민영이네 학교 학생들의 취미생활

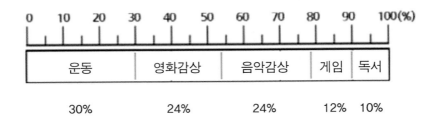

2) 막대 그래프

민영이네 학교 학생들의 취미생활을 조사한 표를 막대 모양으로 나타내면 아래와 같은 막대 그래프를 얻을 수 있습니다.

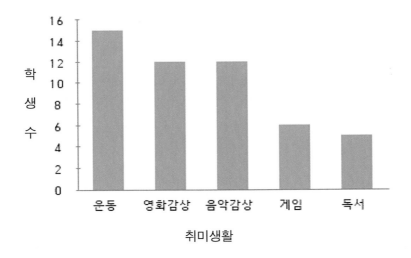

위 막대 그래프에서 가로축은 취미생활을 나타내고, 세로축은 학생 수를 나타냅니다. 예로, 취미생활이 운동인 학생 수는 15명이니, 가로축(취미생활)이 운동일 때, 이에 대응하는 세로축(학생 수)의 숫자는 15이며, 이 15라는 숫자를 높이로 가지는

막대를 그리면 됩니다. 따라서, 세로축은 가로축의 각 취미생활(운동, 영화감상, …
, 독서)에 속하는 자료의 개수라고 말할 수도 있고, 중학교 수학과정에서는 이를 도
수(度數)라고도 부릅니다. 참고로, 도수(度數)는 영어 frequency(자주 일어남, 빈번,
횟수)를 번역한 것입니다. 세로축을 도수라는 용어를 사용하면, 위 그래프를 도수
그래프라고도 부릅니다. 위 막대 그래프에서 세로축을 학생 수로 나타냈는데, 학생
수 대신 비율을 써도 좋습니다.

3) 원그래프

전체를 100으로 하여 전체에 대한 부분의 비율을 원으로 나타낸 그래프

위와 같이 여러 가지 형태의 그래프로 자료를 정리해 놓으면 한눈에 정보를 쉽게
얻을 수 있습니다. 이 밖에 다양한 형태의 그래프들에 대해서는 엑셀프로그램을 참
조하시길 바랍니다.

03 / 평균(平均, average 또는 mean)과 분산(分散, variance)

초등학교 수학에서는 수집한 자료의 특징을 나타내는 지표인 평균에 대해서만 배웠습니다. 평균은 자료의 중심경향을 나타내는 지표로, 자료를 모두 더한 양을 자료의 수로 나누는 값으로 약속했습니다. 예를 들어, 지선이네 반의 수학 성적 평균이 80점이라고 하면 지선이네 반 학생의 수학 점수들을 모두 더한 값을 지선이네 반 학생수로 나눈 값이 80점이라는 의미입니다. 그러면 자료의 특징을 나타내는 지표로, 자료의 중심경향을 나타내는 평균만 있을까요?

중학교 수학과정에서는 평균뿐 아니라, 평균을 중심으로 자료들이 흩어져 있는 정도를 나타내는 지표에 대해 배웁니다. 평균을 중심으로 자료들이 흩어져 있는 정도를 한자어로는 산포도(散布度, degree of scattering, measure of dispersion)라고 하는데, 산포도로 분산과 표준편차를 배우게 됩니다. 이를 간략히 소개하겠습니다.

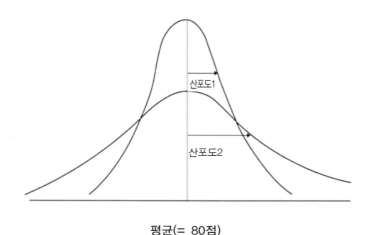

평균(= 80점)

옆 페이지 그림의 가로축은 수학 점수, 세로 값은 각 수학 점수의 구간에 속하는 자료의 수(도수)를 의미합니다. 예로, 두 그래프는 지선이네 반 학생들의 수학 점수와 지선이네 옆 반 학생들의 수학 점수를 각각 조사하여, 이를 도수분포표로 나타내서 곡선처럼 부드럽게 연결한 그림입니다. 도수분포표를 자세히 그리는 방법에 대해서는 중학교 수학과정에서 배울 것이니 자세한 설명은 생략하겠습니다. 두 반의 평균은 80점으로 같지만, 한쪽 반은 평균을 중심으로 자료들이 넓게 흩어져 있고, 다른 반은 평균을 중심으로 상대적으로 좁게 흩어져 있음을 알 수 있습니다.

분산(分散, variance)은 자료들이 평균을 중심으로 떨어져 있는 정도를 나타내기 위한 값으로, 자료들이 평균과 얼마나 떨어져 있는지를 거리로 나타내서 평균화한 것이라고 말할 수 있습니다. 그런데 각각의 자료가 평균과 얼마나 떨어져 있는지를 나타내는 거리를 '자료 값 – 평균'이라고 약속을 하면, 평균보다 큰 수는 양수들이라 문제가 없는데, 평균보다 작은 수들은 음수들이라 다 같이 더하면 음수와 양수가 상쇄되어 자료가 평균으로부터 얼마나 떨어져 있는지를 나타내는 데 문제가 생기게 됩니다(양수, 음수에 대해서는 앞에서 수의 체계에서 간략히 예로 설명했으니, 이 문장을 파악하는 데 어려움이 있다면 수의 체계 부분에서 양수와 음수 부분을 읽어보시길 바랍니다). 그래서 그 단점을 없애기 위해서 각각의 '자료 값 – 평균'을 두 번 거듭제곱해서 더한 값들을 평균한 것으로 약속합니다. 분산의 경우 원래 자료를 두 번 거듭제곱했으니, 원래 자료의 단위와 맞추는 작업이 필요합니다. 중학교 수학과정에서 소개될 제곱근(平方根의 번역어, square root)이라는 개념을 통해 분산을 원래 자료의 단위와 같게 만든 것이 표준편차(標準偏差, standard deviation)입니다. 제곱근, 분산과 표준편차의 공식에 대해서는 중학교 수학과정에서 자세히 배우게 됩니다. 자세한 설명은 생략하겠습니다.

01. 앞에서 자연수들의 합 $1 + 2 + 3 + \cdots + 99 + 100$을 효과적으로 찾는 방법을 소개하였습니다. 이번 퀴즈에서는 조금 성격이 다른 숫자들의 합에 대해 소개하고자 합니다.

$$1 + \frac{1}{2} + \frac{1}{3} + \frac{1}{4} + \cdots$$

위 식은 '자연수 1, 2, 3, …의 역수들을 끝없이 합치면 어떻게 될까요?' 하는 문제입니다.

$$1 + \frac{1}{2} + \frac{1}{3} + \frac{1}{4} + \cdots$$

$$> 1 + \frac{1}{2} + \frac{1}{4} + \frac{1}{4} + \frac{1}{8} + \frac{1}{8} + \frac{1}{8} + \frac{1}{8} + \frac{1}{16} + \frac{1}{16} + \cdots \frac{1}{16} + \cdots$$

$$= 1 + \frac{1}{2} + \frac{1}{2} + \frac{1}{2} + \cdots$$

를 보일 수 있습니다. 그러면,

$1 + \dfrac{1}{2} + \dfrac{1}{2} + \dfrac{1}{2} + \cdots$를 괄호를 사용하여 다시 쓰면 아래 식을 얻습니다.

$1 + (\dfrac{1}{2} + \dfrac{1}{2}) + (\dfrac{1}{2} + \dfrac{1}{2}) + \dfrac{1}{2} \cdots$

이를 다시 정리해서 쓰면, $1 + 1 + 1 + \cdots$로 표현할 수 있습니다. 그러면, 1을 끝없이 더하면 어떤 수가 될까요? 엄청나게 큰 수가 되겠지요. 이는 무한히 커지는 상태라고 할 수 있고, 고등학교 수학과정에서 극한(極限)이라는 개념을 배우게 되는데, 이 개념을 통해서 '양의 무한대로 발산(發散)한다'라는 용어로 표현합니다. 따라서, '$1 + \dfrac{1}{2} + \dfrac{1}{3} + \dfrac{1}{4} + \cdots$'은 양의 무한대로 발산하게 됩니다. 자세한 용어의 약속은 고등학교 수학과정에 배우게 될 것입니다. 설명은 생략하겠습니다.

참고로, 어떤 양수들을 끝없이 합치면, 항상 한없이 커질까요? 항상 그렇지는 않습니다. 예로, '$1 + \left(\dfrac{1}{2}\right)^{1} + \left(\dfrac{1}{2}\right)^{2} + \left(\dfrac{1}{2}\right)^{3} + \cdots$'의 경우 한없이 커지지 않고, 2라는 수에 가까워진다는 것을 볼 수 있습니다. '$1 + \left(\dfrac{1}{2}\right)^{1} + \left(\dfrac{1}{2}\right)^{2} + \left(\dfrac{1}{2}\right)^{3} + \cdots$'는 '2에 수렴(收斂)한다'라는 용어로 표현합니다. 자세한 용어와 내용은 고등학교 수학 때 배우게 될 것입니다. 설명은 생략하겠습니다.

▌ 참조문헌

1. 초등학교 1학년 수학 교과서

2. 초등학교 2학년 수학 교과서

3. 초등학교 3학년 수학 교과서

4. 초등학교 4학년 수학 교과서

5. 초등학교 5학년 수학 교과서

6. 초등학교 6학년 수학 교과서

7. 중학교 1학년 수학 교과서

8. 중학교 2학년 수학 교과서

9. 중학교 3학년 수학 교과서